高职高专土建类工学结合"十二五"规划教材

建筑 CAD

主　编　庞毅玲　李　琪
副主编　李　科　黄　志　黄　平　李旭辉
参　编　温世臣　胡桂娟

华中科技大学出版社
中国·武汉

内 容 提 要

本书为高职高专土建类工学结合"十二五"规划教材。

全书共十一个项目,分别是常用制图标准选编、认识 AutoCAD 2008、图形绘制、编辑对象、图层与图块、尺寸与文字、样板文件的创建、图纸的打印与输出、建筑施工图绘制实例、结构施工图绘制实例、软件扩展等内容。每个项目前都有学习要求,明确了知识目标和技能目标,并提供了部分真实项目施工图纸,强化学生 CAD 技能训练。

本书既可作为高等职业技术院校、大中专及各类进修培训机构建筑专业的教材,也可作为相关技术人员的参考教材。

图书在版编目(CIP)数据

建筑 CAD/庞毅玲,李琪主编. —武汉:华中科技大学出版社,2014.2
ISBN 978-7-5609-7175-9

Ⅰ.①建… Ⅱ.①庞… ②李… Ⅲ.①建筑设计-计算机辅助设计-AutoCAD 软件-高等职业教育-教材
Ⅳ.①TU201.4

中国版本图书馆 CIP 数据核字(2014)第 026503 号

建筑 CAD

庞毅玲 李 琪 主编

责任编辑:金 紫 张 琳
封面设计:李 嫚
责任校对:封力煊
责任监印:张贵君
出版发行:华中科技大学出版社(中国·武汉)
　　　　武昌喻家山　　邮编:430074　　电话:(027)81321915
录　排:华中科技大学惠友文印中心
印　刷:武汉鑫昶文化有限公司
开　本:787mm×1092mm　1/16
印　张:15　插页:3
字　数:402 千字
版　次:2017 年 1 月第 1 版第 4 次印刷
定　价:36.00 元

前　言

高等职业教育作为高等教育的一个重要组成部分,是面向生产、服务和管理第一线的职业岗位,以培养具有一定理论知识和较强实践能力的实用型、技能型专门人才为目的的职业教育。其课程特色是在具备一定的理论知识基础上进行专业技能的训练。

本书根据高等职业教育教学改革的实际需求,以实际工作岗位所需的知识和实践技能为基础,更新了教学内容,增加了一些新技术、新方法、新技巧,以某卫生院的建筑施工图和结构施工图为载体,以 CAD 基本命令操作训练为主体,加强了真实项目的训练。本书围绕着 CAD 基本命令,结合真实项目案例,突出实用性和实践性,按照基于工作过程的教育理论,以常用建筑施工图、结构施工图为主线,以提高学生绘图能力和绘图速度为目标,按项目结构组织教学内容,注重分析和解决问题的方法及思路的引导,注重理论与实践的紧密结合。

全书共十一个项目,分别是常用制图标准选编、认识 AutoCAD 2008、图形绘制、编辑对象、图层与图块、尺寸与文字、样板文件的创建、图纸的打印与输出、建筑施工图绘制实例、结构施工图绘制实例、软件扩展等内容。每个项目前都有学习要求,提出了学习本项目应该达到的知识目标和技能目标,并提供了部分真实项目施工图纸,强化学生 CAD 技能训练。

本书既可作为高等职业技术院校、大中专及各类进修培训机构教材,也可作为相关技术人员的参考用书。

本书由广西建设职业技术学院的庞毅玲、李琪老师担任主编;由广西建设职业技术学院的李科、黄志、黄平老师,河南财政税务高等专科学校的李旭辉老师担任副主编;其中庞毅玲老师编写项目 10 结构施工图绘制实例;李琪老师编写项目 1 常用制图标准选编、项目 7 样板文件、项目 9 中的建筑剖面图绘制实例;李科老师编写项目 9 中的建筑平面图和立面图绘制实例;黄志老师编写项目 2 认识 AutoCAD2008、项目 8 图纸的打印与输出、项目 11 软件扩展;黄平老师编写项目 3 图形绘制、项目 4 编辑对象、项目 5 图层与图块;李旭辉老师编写项目 6 尺寸与文字。温世臣和胡桂娟老师参加了全书的审核和校对工作,并提出很好的修改建议,在此感谢各位老师对本教材的辛苦付出和大力支持。全书最后由庞毅玲老师统稿。

由于编者经验不足,水平有限,书中的缺点和错误在所难免,恳请读者批评指正。

编　者
2014 年 2 月

目　　录

项目1 常用制图标准选编

【学习要求】

为了统一房屋建筑制图规则,保证制图质量,提高制图效率,使图面清晰、简明,符合设计、施工、审查、存档的要求,《房屋建筑制图统一标准》(GB/T 50001—2010)(以下简称《标准》)对图线、字体、符号、尺寸等都做出了具体的规定。本项目汇编了部分常用制图标准,绘图时应熟悉这些要求。

1.1 制图标准对文字的要求

工程图中包含许多重要的非图形信息,如标题栏、施工图说明、门窗表等。这些信息以文字和表格的形式对工程图形进行补充。图纸上所书写的文字、数字或符号等,均应笔画清晰、字体端正、排列整齐,标点符号也应清楚正确。

1. 字高

Auto CAD 中对字体大小的管理是通过字高及高宽比来定义的。中文矢量字体的字高宜采用 3.5、5、7、10、14、20。拉丁字母、阿拉伯数字与罗马数字的字高不应小于 2.5。编者认为,图纸中的文字高度应做到,同类型文字高度相同(例如,图形中的文字标注应统一字高),不同类型文字之间字高应大小层次分明(例如,图形中文字标注与图名之间),图纸中文字整齐清晰。

2. 字体

图样及说明中的汉字,宜采用长仿宋体或黑体,同一图纸字体种类不应超过两种。大标题、图册封面、地形图等的汉字,也可书写成其他字体,但应易于辨认。图样及说明中的拉丁字母、阿拉伯数字与罗马数字,宜采用单线简体或 ROMAN 字体。在使用 Auto CAD 自带字体注写罗马数字时,单、双线字体可分别使用 simplex 和 romand 字体,也可分别使用探索者软件的 tssdeng 和 tssdeng2 字体,后者需要先将字体文件加载进 Auto CAD 软件的字库中方可使用。

3. 高宽关系

长仿宋体字的高宽关系应符合表 1-1 的规定,黑体字的宽度与高度应相同。

表 1-1　长仿宋体字的高宽关系

字高	20	14	10	7	5	3.5
字宽	14	10	7	5	3.5	2.5

1.2 制图标准对尺寸的要求

图纸中的尺寸,应包括尺寸界线、尺寸线、尺寸起止符号、尺寸数字和尺寸排列。在建立标注样式的时候应该按照《标准》中的规定,对尺寸样式进行设置(见图 1-1)。

1. 尺寸界线

尺寸界线应与被注长度垂直,其一端距离图样轮廓线不应小于 2 mm,另一端宜距离尺寸线 2～3 mm。图样轮廓线可用作尺寸界线(见图 1-2)。

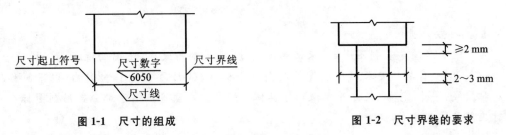

图 1-1　尺寸的组成　　　　　　　　　　图 1-2　尺寸界线的要求

2. 尺寸线

尺寸线应用细实线绘制,应与被注长度平行。图样本身的任何图线均不得用作尺寸线。

3. 尺寸起止符号

尺寸起止符号用中粗斜短线绘制,长度宜为 2～3 mm。半径、角度与弧长的尺寸起止符号,宜用箭头表示。

4. 尺寸数字

图样上的尺寸,应以尺寸数字为准,不得从图上直接量取。尺寸单位除标高及总平面以米为单位外,其他必须以毫米为单位。

尺寸数字应依据其方向注写在靠近尺寸线的上方中部。若没有足够的注写位置,最外边的尺寸数字可注写在尺寸界线的外侧,中间相邻的尺寸数字可上下错开注写,或用引出线注写(见图 1-3)。

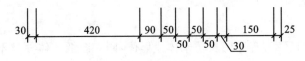

图 1-3　尺寸数字的注写位置

5. 尺寸排列

互相平行的尺寸线,较小尺寸应离轮廓线较近,较大尺寸应离轮廓线较远。图样轮廓以外的尺寸界线与图样最外轮廓之间的距离,不宜小于 10 mm。平行排列的尺寸之间的间距,宜为 7～10 mm(见图 1-4)。

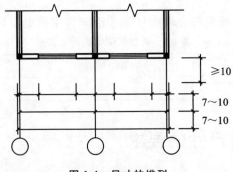

图 1-4　尺寸的排列

1.3　制图标准中其他常用内容选编

1. 比例

图样的比例,指的是图形与实物相对应的线性尺寸之比。比例宜注写在图名的右侧,字的基准线应取平。比例的字高宜注写在图名的右侧,字的基准线应取平。比例的字高宜比图名的字高小一号或者二号(见图 1-5)。

平面图 1∶100　　　⑥ 1∶20

图 1-5　比例的注写

2. 索引符号与详图符号

(1) 图样中的某一局部或构件,如需另见详图,应以索引符号索引。索引符号是由 8~10 mm 的圆和水平直径组成。圆和水平直径应以细实线绘制。

(2) 零件、钢筋、杆件、设备等的编号宜以直径为 5~6 mm 的细实线圆表示,同一图样应保持一致。

(3) 详图的位置和编号应以详图符号表示。详图符号应以直径为 14 mm 粗实线圆表示。

3. 引出线

引出线应以细实线绘制,宜采用与水平方向成 30°、45°、60°、90°的直线,再折为水平线。文字宜注写在水平线的上方,也可注写在水平线的端部。索引详图的引出线应与水平直径线相连接(见图 1-6)。

4. 指北针

指北针的形状如图 1-7 所示,其圆的直径宜为 24 mm,用细实线绘制;指北针尾部的宽度宜为 3 mm,指针头部应注"北"或"N"字。

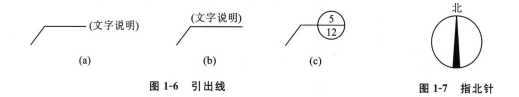

(a)　　　(b)　　　(c)

图 1-6　引出线　　　　　图 1-7　指北针

5. 定位轴线

定位轴线应用细单点长画线绘制。定位轴线应编号,编号注写在轴线端部的圆内。圆用细实线绘制,直径为 8~10 mm。定位轴线的圆心应在定位轴线的延长线或延长线的折线上。横线编号应用阿拉伯数字从左至右顺序编号;竖向编号用大写拉丁字母从下至上顺序编写。通用详图中的定位轴线,应只画圆,不注写轴线编号。

项目 2　认识 AutoCAD 2008

【学习要求】

通过本项目的学习,要求熟悉 AutoCAD 2008 的用户界面,文件的启动、退出等文件操作,掌握工具栏的应用及其相应操作,命令的激活方式及帮助系统。

2.1　AutoCAD 2008 功能简介

Autodesk 公司的 AutoCAD 是一款通用计算机辅助绘图和设计软件,已成为业界标准,广泛应用于机械、建筑、电子、航天、造船、石油化工、土木工程、冶金、气象、纺织、轻工等领域。在工程和产品设计中,计算机可以帮助设计人员承担计算、信息存储和制图等工作。在设计中通常要用计算机对不同方案进行大量的计算、分析和比较,以确定最优方案。各种设计信息,不论是数字的、文字的或图形的,都能存放在计算机的内存或外存里,并能快速检索。设计人员通常用草图开始设计,将草图变为工作图的繁重工作可以交给计算机来完成;由计算机自动产生的设计结果,可以快速做出图形并显示出来,使设计人员及时对设计作出判断和修改;利用计算机可以进行图形的编辑、放大、缩小、平移和旋转等。计算机辅助设计能够减轻设计人员的劳动强度、缩短设计周期和提高设计质量。

CAD(Computer Aided Drafting)诞生于 20 世纪 60 年代,由美国麻省理工学院最先提出交互式图形学的研究计划。到了 70 年代,小型计算机费用下降,美国工业界才开始广泛使用绘图交互式系统。到了 80 年代,PC 机开始出现,这推动了 CAD 的快速发展,出现了专业的 CAD 系统开发公司。当时 VersaCAD 是专业的 CAD 制作公司,所开发的 CAD 软件功能强大,但由于其价格昂贵,故不能被普遍使用。而当时的 Autodesk 公司是一个员工仅有数人的小公司,其开发的 CAD 系统虽然功能有限,但因其可免费拷贝,故得以广泛应用。同时,由于该系统的开放性,CAD 软件升级迅速。

AutoCAD 的发展可划分为五个阶段,在每个阶段的发展中都推出了不同的版本。从 2000 年开始,AutoCAD 每年都有新版本推出,而新版本都较上一版本功能有所增强。

AutoCAD 2008 在以往版本的基础上改善了很多,但是核心功能和工作流程依然不变,在界面、工作空间、面板、选项板、图形管理、图层、标注等方面进行了改进,增加了部分功能。

2.2　AutoCAD 2008 启动、退出与文件操作

AutoCAD 与其他应用程序一样,为用户提供了多种启动与退出软件的快捷方式。用户通过这些快捷方式可以非常方便地启动或退出。在不需要使用时,将它关闭可减少计算机内存的使用量,以方便其他应用程序工作。通过下述例子来学习启动和退出 AutoCAD 的不同方法和技巧。

（1）AutoCAD 的启动方法。

① 快捷方式。当我们在计算机上成功安装 AutoCAD 软件后，系统会自动在计算机的桌面上创建快捷方式图标，如图 2-1 所示。双击该图标，即可启动 AutoCAD。

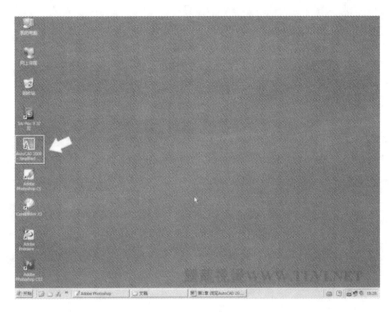

图 2-1 启动快捷方式图标

② 开始菜单。单击"开始"菜单，然后选择"所有程序"→"Autodesk"→"AutoCAD 2008-Simplified Chinese"→"AutoCAD 2008"选项，如图 2-2 所示，同样可启动 AutoCAD。

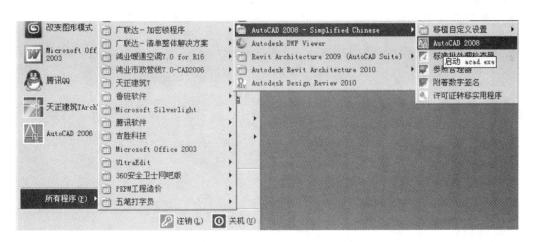

图 2-2 "开始"菜单

③ 安装目录启动。在 Windows 资源管理器或"我的电脑"中的 AutoCAD 安装目录下双击"acad.exe"文件，启动 AutoCAD，如图 2-3 所示。

④ 通过 CAD 文件启动。双击使用 AutoCAD 软件建立的后缀名为".dwg"的图形文件，如图 2-4 所示，启动 AutoCAD 并打开该图形文件。

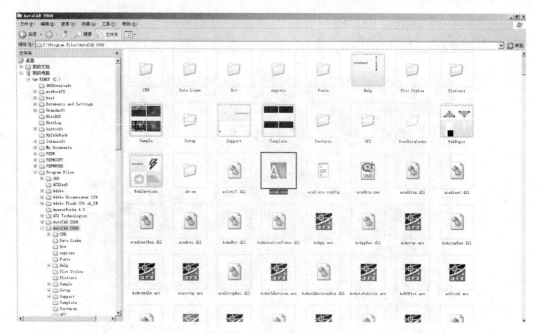

图 2-3　安装目录文件

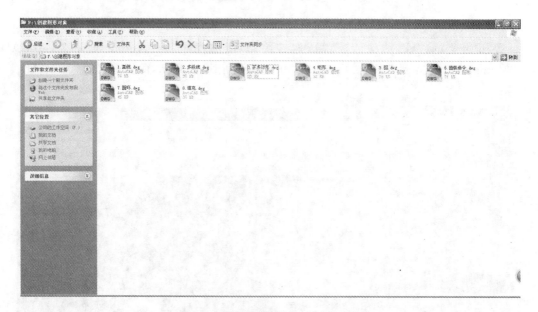

图 2-4　双击后缀名为".dwg"的文件

（2）在启动 AutoCAD 的过程中，系统会弹出 AutoCAD 的欢迎界面，如图 2-5 所示。

（3）启动 AutoCAD 后，系统会出现"新功能专题研习"界面，用户可以了解该版本的新功能，如果不希望以后出现该界面，可以选择"不，不再显示此消息"，并点击"确定"按钮，如图 2-6 所示。

（4）点击对话框中的"确定"按钮后，系统将使用默认的设置创建出一个新图形，并进入

图 2-5　AutoCAD 的欢迎界面

图 2-6　AutoCAD 的"新功能专题研习"界面

AutoCAD 初次启动后的工作界面,如图 2-7 所示。

　　(5) AutoCAD 应用程序的退出。在工作界面中结束图形绘制之后,需要将 AutoCAD 应用程序退出。退出方法主要有以下 3 种。

　　① 执行菜单栏中选择"文件"→"退出"命令。

　　　　提示:按<Ctrl+Q>键,可快速退出 AutoCAD。

　　② 在 AutoCAD 的工作界面标题栏右侧,单击 ✖ 按钮关闭,或者在命令行中输入 "Quit"或者"Exit",然后按回车键,可快速退出 AutoCAD,如图 2-8 所示。

　　③ 双击 AutoCAD 工作界面标题栏左侧的控制图标 ,或者按<Alt+F4>键,同样可

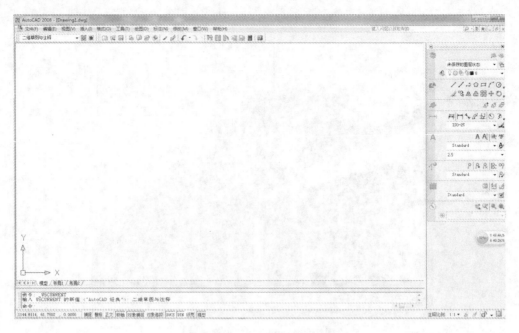

图 2-7　AutoCAD 的工作界面

将 AutoCAD 安全退出，如图 2-9 所示。

图 2-8　通过快捷按钮或命令退出程序

图 2-9　双击控制图标退出程序

（6）在退出 AutoCAD 应用程序之前，系统首先会将各图形文件退出，如果有未保存的文件，AutoCAD 将弹出如图 2-10 所示的提示对话框。

图 2-10　AutoCAD 提示对话框

（7）单击对话框中的"是"按钮，弹出"图形另存为"对话框，在该对话框中用户可以设置绘制图形所要保存的文件名称和路径，如图 2-11 所示，单击"保存"按钮，保存对图形所做的修改，并退出 AutoCAD。

提示：如果用户只是对先前保存过的图形进行了修改，而不是绘制的新图形，将不会弹出"图形另存为"对话框。

（8）若在提示对话框中单击"否"按钮，将放弃存盘，并退出 AutoCAD。单击"取消"按钮，将返回到原 AutoCAD 的绘图界面。

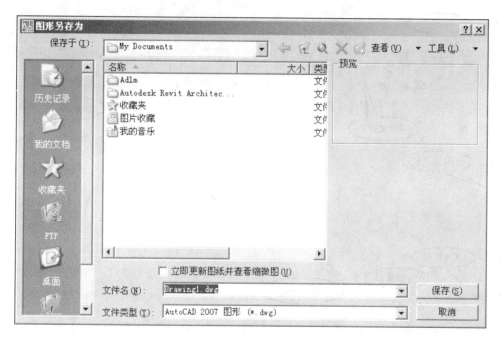

图 2-11　"图形另存为"对话框

2.3　AutoCAD 2008 工作界面

启动 AutoCAD 2008 后,默认情况下是"二维草图与注释选择"界面,这是在 AutoCAD
2007 版本上新开发的界面。我们可以根据自己
的作图习惯进行选择。选择 AutoCAD 经典界
面如图 2-12 所示。

AutoCAD 经典界面主要由标题栏、菜单
栏、工具栏、绘图窗口、命令行与文本窗口和状
态栏等部分组成。如图 2-13 所示。

图 2-12　AutoCAD 经典界面的选择

（1）标题栏。

标题栏位于应用程序窗口的最上面,用于显示当前正在运行的程序名及文件名等信息,
如果是 AutoCAD 默认的图形文件,其名称为"DrawingN.dwg"（N 是数字）。单击标题栏右
端的按钮,可以最小化、最大化或关闭应用程序窗口。标题栏最左边是应用程序的小图标,
单击它将会弹出一个 AutoCAD 窗口控制下拉菜单,可以执行最小化或最大化窗口、恢复窗
口、移动窗口、关闭 AutoCAD 等操作。

（2）菜单栏。

AutoCAD 2008 和其他 Windows 应用程序一样,具有下拉菜单。菜单栏位于标题栏正
下方。菜单栏由"文件"、"编辑"、"视图"、"插入"、"格式"、"工具"、"绘图"、"标注"、"修改"、
"窗口"、"帮助"11 个下拉菜单组成,包括了 AutoCAD 中的大部分功能和命令。

快捷菜单又称为上下文相关菜单。在某一工具栏上单击鼠标右键,将弹出一个快捷菜
单,打"√"的为当前使用的工具栏,未打"√"的为当前未使用工具栏。用户根据自己的需

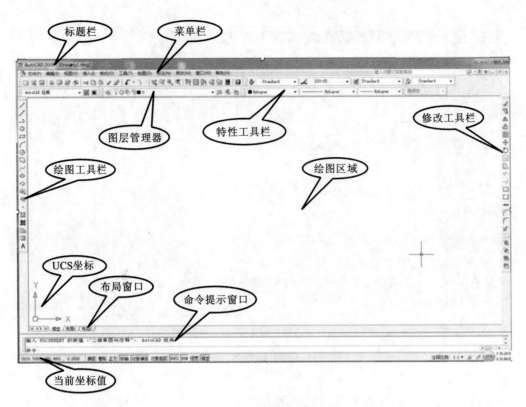

图 2-13　AutoCAD 经典界面

要，可以添加或者移动自定义工具栏，如图 2-14 所示。

图 2-14　快捷菜单

（3）工具栏。

工具栏是应用程序调用命令的另一种方式，它包含许多由图标表示的命令按钮。在

AutoCAD 中，系统提供了多个已命名的工具栏。在默认情况下，"标准"、"对象特性"、"绘图"、"修改"等工具栏处于打开模块状态。如果要显示当前隐藏的工具栏，可在任意工具栏上右击，此时将弹出一个快捷菜单，通过选择命令可以显示或关闭相应的工具栏，如图 2-14 所示。

（4）绘图窗口。

绘图窗口称为工作区域，是显示、绘制和编辑图形的区域，所有的绘图结果都反映在这个窗口中。用户可以根据需要关闭其周围或里面的工具栏，以增大绘图空间。绘图区域能无限放大，可以通过视图控制命令进行平移、缩放、改变视图区的大小和位置。

绘图区左下角显示的是用户坐标系，在默认情况下，AutoCAD 坐标系为世界坐标系（WCS）。

绘图窗口的下方有"模型"和"布局"选项卡，单击其标签可以在模型空间或图纸空间之间来回切换。

（5）命令行窗口与文本窗口。

命令行窗口位于绘图窗口的底部，用于接收用户输入的命令，并显示 AutoCAD 提示信息。在 AutoCAD 中，命令行窗口可以拖放为浮动窗口，如图 2-15 所示。

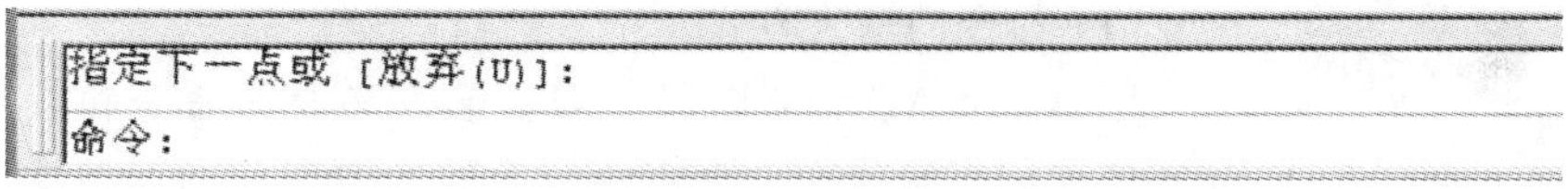

图 2-15　命令行窗口

AutoCAD 文本窗口是记录 AutoCAD 命令的窗口，是放大的命令行窗口，它记录了已执行的命令，也可以用来输入新命令。可按 F2 键来打开 AutoCAD 文本窗口，如图 2-16 所示。

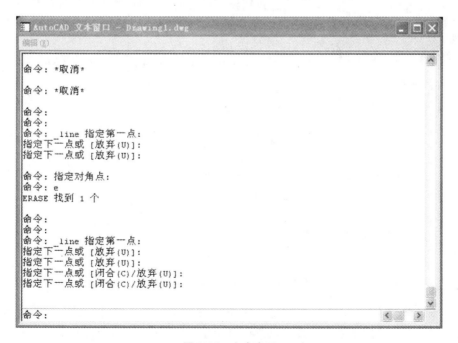

图 2-16　文本窗口

（6）状态栏。

状态栏位于 AutoCAD 的底部，如图 2-17 所示。状态栏左侧用于显示光标位置，在绘图窗口中移动光标时，状态栏的"坐标"区将动态显示当前坐标值。状态栏右侧是各种辅助绘图的工具按钮。单击这些按钮可以打开或关闭这些绘图辅助工具。

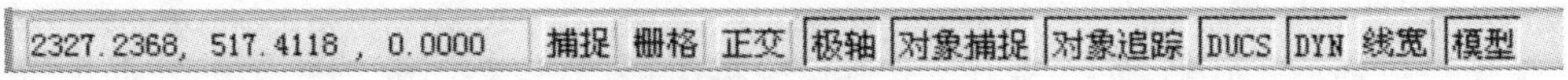

2327.2368, 517.4118 , 0.0000　捕捉 栅格 正交 极轴 对象捕捉 对象追踪 DUCS DYN 线宽 模型

图 2-17　状态栏

2.4　AutoCAD 2008 基本操作

AutoCAD 2008 是一个标准的 Windows 程序，Windows 的许多标准操作方式也适用于 AutoCAD。但是作为图形设计软件，它和其他的 Windows 软件也有很大的差别，在操作上也有其特殊性。下面介绍 AutoCAD 2008 的基本操作方法。

2.4.1　命令的使用

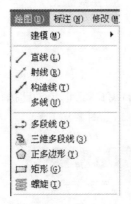

图 2-18　菜单输入

（1）命令的输入方式。

用 AutoCAD 绘制图形时需要输入必要的命令和参数，以告诉计算机我们要做什么。常用的命令输入方式包括菜单输入、工具栏按钮输入、在命令窗口直接输入命令。

① 菜单输入：用鼠标点取下拉菜单中的菜单项以执行命令，如图 2-18 所示。

② 工具栏按钮输入：工具栏中的每个图标能直观显示其相应的功能，用户需要使用哪些功能，只要用鼠标直接点击代表该功能的图标即可，如图 2-19 所示。

③ 在命令窗口直接输入命令：用键盘在命令行输入要执行的命令名称或快捷命令（不分大小写），然后按回车键或者空格键执行命令，如图 2-20 所示。

图 2-19　工具栏按钮输入

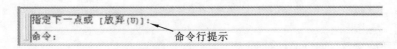

图 2-20　在命令窗口直接输入命令

一个命令有多种输入方法，菜单输入法不需要记住命令名称，但操作烦琐，适合输入不熟悉的命令；工具栏按钮输入法直观、迅速，但受显示屏幕限制，不能将所有的工具栏都排列在屏幕上，适合输入常用的命令；在命令窗口直接输入命令法迅速、快捷，但要求熟记命令名

称,适合输入常用的命令和菜单中不易选取的命令。在实际操作中,往往将 3 种方式结合使用。

(2) 命令的重复、中断、撤销和重做。

命令的重复:当执行完一个命令后,空响应(在命令的提示行不输入任何参数或符号)直接按回车或空格键,会重复执行前一个命令。

命令的中断:在命令执行的过程中,欲中断当前命令的运行,可以按键盘上的 ESC 键。

命令的撤销:AutoCAD 可以记录所执行过的命令和所作的修改。如果要改变操作或者修改错误,可以撤销上一个或前几个命令。要撤销最近执行的命令有以下几种方法。

① 命令:Undo(快捷命令:U)。

② 菜单:选择编辑(E)→放弃(U)。

③ 按钮:标准工具栏中的 ↶。

④ 快捷键:Ctrl+Z。

命令的重做:要恢复之前撤销操作,可以使用以下任何一种方法。

① 命令:Redo。

② 菜单:选择"编辑"→"重做"。

③ 按钮:标准工具栏中的 ↷。

(3) 查看命令行提示信息。

命令行提示是进行命令操作的指南。AutoCAD 的命令有很多,每一种命令常有不同的子命令,对于不同命令的操作,命令行都会给出相应的提示,指引着我们下一步应怎么做,必须做什么,因此,根据命令行提示进行操作非常重要,特别是对于初学者更是如此。

如输入画多段线命令后,出现信息如图 2-21 所示。

当前线宽为 0.0000
指定下一个点或 [圆弧(A)/半宽(H)/长度(L)/放弃(U)/宽度(W)]:

图 2-21 画多段线时提示信息

提示信息中就要求输入点,或者输入其他参数。其中中括号内的部分包括选项及其快捷键,如果默认选项不能满足要求,我们可以通过输入选项中小括号内的字母来指定对应的选项。例如,如果需要设定多段线的线宽,则需要输入"h"。此时提示信息又变为图 2-22 所示内容。即要求我们输入起点半宽。因此在绘图过程一定要学会看命令行提示的信息,学会举一反三,找对应的参数。最终提示信息都会反映在三个基本内容上:输入关键点、选择对象或者根据需要输入数值。

指定下一个点或 [圆弧(A)/半宽(H)/长度(L)/放弃(U)/宽度(W)]: h
指定起点半宽 <0.0000>:

图 2-22 输入其他参数后提示信息

2.4.2 精准绘图工具

精准绘图工具包括对象捕捉、正交、极轴、对象追踪等,分别包含在状态栏当中,如图

2-23所示。

在进行 AutoCAD 绘图时,有时候需要精确地找到已经绘出图形上的特殊点,如直线的断点、中心点、端点以及圆的圆心或绘制带有特殊角度的直线等,在一般情况下很难做到,因此 AutoCAD 提供了对象捕捉、正交、极轴、对象追踪等精准绘图工具。这些功能使作图的准确性和速度大大提高。

图 2-23　状态栏

在 AutoCAD 的状态栏上有一行按钮,这些按钮是单选按钮,有打开和关闭两种状态,如图 2-23 所示。除"正交"和"DUCS"外,在其他按钮上点击右键,都可以对其进行相应的设置。每一项都有其不同的作用,我们可以有选择性地打开和关闭它们。

① 捕捉(F3 键切换):激活后,十字光标移动时,会自动按照设定的捕捉间距进行捕捉,但在实际应用中,往往很少有按照固定间距进行绘图的。如果应用此功能时,感觉移动鼠标光标因为不停地捕捉离它最近的栅格点而易出现"跳跃"的现象,此项功能建议关闭。

② 栅格(F7 键切换):激活后,屏幕上会出现一些排列整齐的点,像格子一样,方便我们明确地知道绘图区域。栅格点的数量以 20～30 为宜,栅格间距可以进行设置,用图形界限除以希望显示的点数即可,此项功能打开后会有许多点,影响屏幕的整洁,因此此项功能建议关闭,如图 2-24 所示。

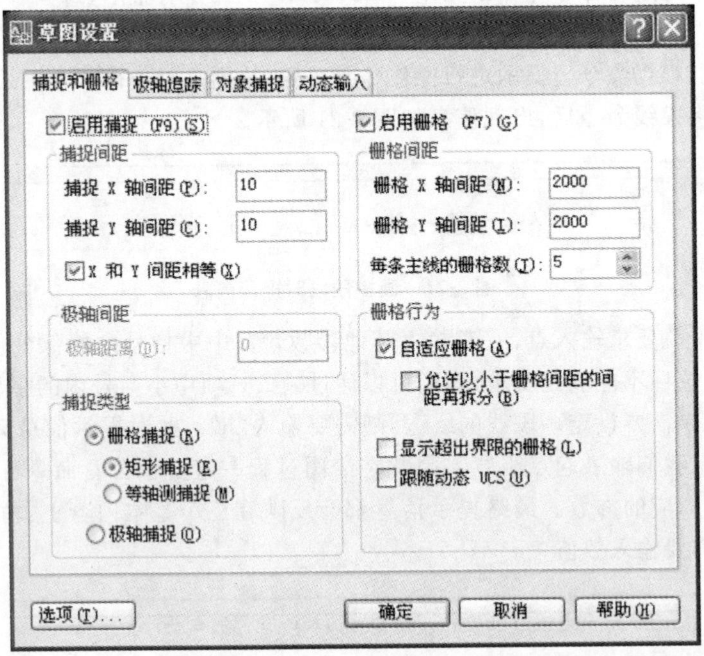

图 2-24　捕捉和栅格设置

③ 正交(F8 键切换):激活后,只能画水平和竖直的直线,此项功能在 AutoCAD 2000 以前的版本中应用较广,主要用于画轴线。AutoCAD 2000 以后的版本中,由于引入了极轴功能,极轴和追踪的配合使用,可以取代正交的作用,并且比正交功能更方便。平常建议关闭,在画水平和竖直的直线时可以打开。

④ 极轴(F10 键切换):激活后,设置完"增量角"及"对象捕捉追踪设置"选项之后,我们可以追踪任意方向的角度。此项一般在绘图过程中根据绘图需要进行设置,建议打开。如图 2-25 所示。

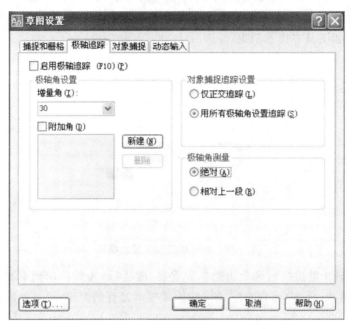

图 2-25　极轴追踪设置

【**例 1**】　绘制一条与 X 轴方向成 45 度且长为 500 个单位的直线。

在任务栏的"极轴追踪"上单击右键弹出下面的菜单,选中"启用极轴追踪"并调节"增量角"为 45,点击"确定"设置并关闭对话框,如图 2-26 所示。

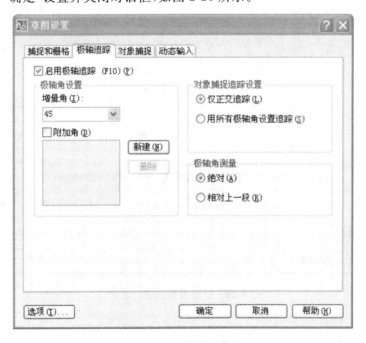

图 2-26　极轴追踪设置

输入直线命令"Line",回车,在屏幕上点击第一点,慢慢移动鼠标,当光标跨过 0 度或者 45 度角时,AutoCAD 将显示对齐路径和工具栏提示,如图 2-27 所示。虚线为对齐的路径,黑底白字的为工具栏提示。当显示提示的时候,输入线段的长度"500"并按回车键,那么 AutoCAD 就在屏幕上绘出了与 X 轴成 45 度角且长度为 500 的一段直线。当光标从该角度移开时,对齐路径和工具栏提示消失。

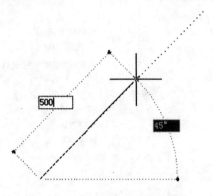

图 2-27　对齐路径和工具栏提示

⑤ 对象捕捉(F3 键切换):这个功能非常重要,激活后,光标移动到对象附近,会准确找到端点,中点,垂直点,等等,可以自定义设置所需要的捕捉的关键点。此项功能打开后如图 2-28 所示。

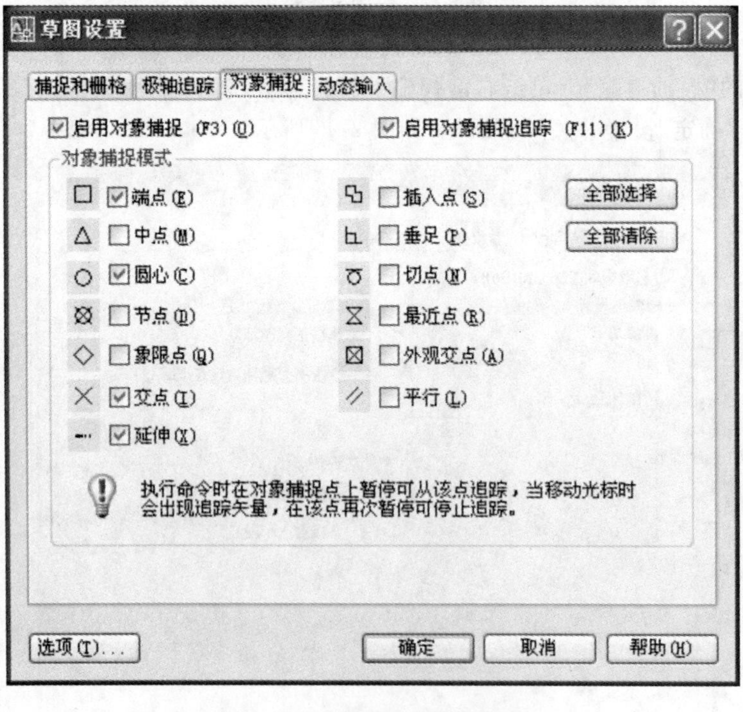

图 2-28　对象捕捉设置对话框

【例 2】　在已知圆中画半径。

根据要求,首先在对象捕捉对话框中把"圆心"和"交点"选中,然后输入直线命令

"Line",回车,在出现的圆心位置点击第一点,再移动鼠标,当光标移动到圆的边界,再点击第二点,即完成圆半径的绘制。如图 2-29 所示。

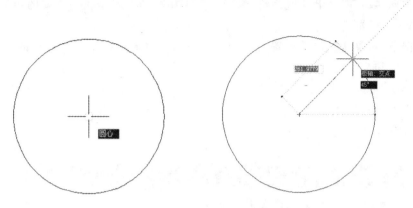

图 2-29 在已知圆中画半径

⑥ 对象追踪(F11 键切换):对象追踪也称为对象跟踪,在绘图中应用非常广泛,对象追踪功能往往和对象捕捉功能、极轴追踪功能配合使用,可以非常方便地找到需要的点。设置方法同极轴追踪。

已获取的点将显示一个小加号(＋),一次最多可以获取七个追踪点。获取了点之后,当在绘图路径上移动光标时,相对于获取点的水平、垂直或极轴对齐路径将显示出来。例如,可以基于对象端点、中点或者对象的交点,沿着某个路径选择一点,如图 2-30 所示。如果要

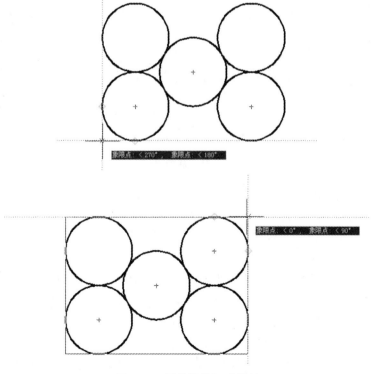

图 2-30 圆的外接矩形绘制

在五个圆外画一个外接矩形,则需要打开对象捕捉追踪的切点,然后追踪两个切点的交点作为矩形的对角点,切点不是我们需要的矩形端点,因此不能按下,只需要把鼠标放到切点上,然后往正交方向移动,就会出现追踪角度,两个角度相交的点就是我们需要的矩形端点,出现交点后,单击鼠标左键即可。

默认情况下,对象捕捉追踪设置为正交。对齐路径将显示在始于已获取的对象点的 0 度、90 度、180 度和 270 度方向上,如图 2-31 所示。但是可以在"草图设置"里,使用"用所有极轴角设置追踪"可以改变"自动追踪"显示对齐路径的方式,以及 AutoCAD 为对象捕捉追踪获取对象点的方式。默认情况下,对齐路径拉伸到绘图窗口的结束处。可以改变它们的显示方式以缩短长度,或使之没有长度。

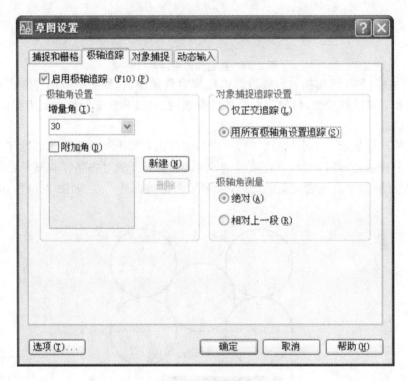

图 2-31 极轴追踪

⑦ DUCS:是动态坐标系,在一般绘图中使用较少,建议关闭。

⑧ DYN:动态输入功能,开启后,输入的坐标信息及参数等都出现在光标附近,避免用户的目光在光标和命令行之间频繁移动。但是由于命令行上的提示信息更完整,因此此项功能根据个人喜好打开或关闭,如图 2-32 所示。

⑨ 线宽:打开后可显示图形对象的线宽,一般在绘图后查看绘图效果时,把它打开。

⑩ 模型:点击后可在模型空间和布局空间之间进行切换。一般设计时,通常是在模型空间中进行操作的,在布局空间中进行布局并输出。

综上所述,我们在绘图中需要打开的选项是对象捕捉、对象追踪、极轴、模型,需要关闭的选项是栅格、正交和捕捉功能。根据个人喜好保持打开的是 DUCS、DYN 和线宽。

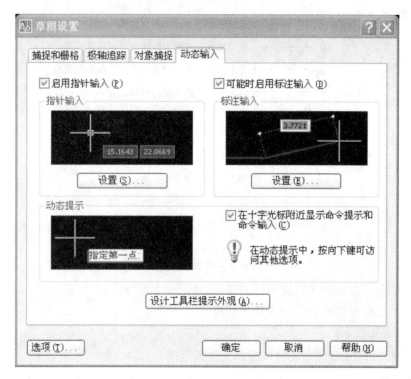

图 2-32　动态输入对话框

2.4.3　视图控制

在 AutoCAD 中,图形在屏幕上的显示可以根据需要进行放大或缩小。图形显示窗口的大小是由计算机显示屏决定的,它具有固定的物理边界。为了绘制复杂的图形,用户经常需要在计算机屏幕上移动图形以观察图形的不同部分,或对图形局部放大以便仔细观察某一局部。AutoCAD 提供了一组实用的 Zoom 命令,用于改变图形在屏幕上显示的大小、位置和区域。

1. 视图缩放

缩放命令的功能如同照相机的可变焦距镜头,它能在当前视图中通过放大或缩小观察对象的视觉尺寸,而实际尺寸保持不变。放大一个对象的视觉尺寸,能将图形中较小、较复杂的区域放大为整个窗口范围,便于对局部进行更仔细的观察和绘制;而缩小其视觉尺寸,能将较大范围内的对象显示于视图中,便于整体观察。

在 AutoCAD 中,Zoom 命令是几个缩放命令的组合,选择缩放命令有以下几种方法。

* 命令:Zoom(别名:Z)。
* 菜单:视图(V)→缩放(Z)。
* 快捷菜单:在作图区域中单击鼠标右键,在弹出的快捷菜单中选择"缩放"。
* 按钮:标准工具栏中的 🔍⁺ 🔍 🔍 ,各按钮功能如图 2-33 所示。

若在命令行输入"Zoom"命令,回车,调用命令后,命令行提示如下。

指定窗口的角点,输入比例因子(nX 或 nXP),或者[全部(A)/中心点(C)/动态

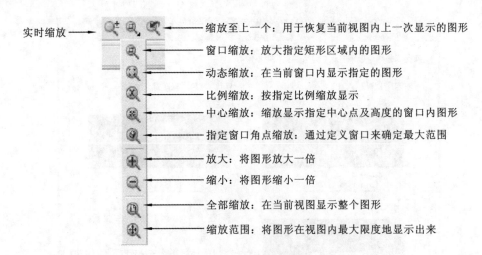

图 2-33　标准工具栏中各按钮功能

(D)/范围(E)/上一个(P)/比例(S)/窗口(W)]＜实时＞：

这时,应根据需要选择合适的选项进行操作。

各选项的含义如下。

★ 指定窗口角点:通过定义窗口来确定放大范围,对应按钮为 🔍 。

★ 输入比例因子(nX 或 nXP):按照一定的比例进行缩放。X 指相对于模型空间缩放,XP 指相对于图纸空间缩放,对应按钮为 🔍 。

★ 全部(A):在绘图窗口中显示整个图形,其范围取决于图形所占范围和绘图界限中较大的一个,对应按钮为 🔍 。

★ 中心点(C):指定中心点,将该点作为窗口中图形显示的中心,对应按钮为 🔍 。

★ 动态(D):动态显示图形,对应按钮为 🔍 。

★ 范围(E):将图形在视图中最大化显示,对应按钮为 🔍 。

★ 上一个(P):恢复显示前一个视图,对应按钮为 🔍 。

★ 比例(S):根据输入的比例显示图形,对应按钮为 🔍 。

★ 窗口(W):同指定窗口角点,对应按钮为 🔍 。

★ ＜实时＞:实时缩放,按住鼠标左键向上拖曳放大图形显示,按住鼠标左键向下拖曳缩小图形显示,对应按钮为 🔍 。

2. 平移图形

通过滑动条或平移命令可以移动当前视图窗口中的图形。这样可以改变当前图形位置,而不改变当前视图图形的大小。

(1) 使用滚动条。

使用滚动条可以水平或竖直地移动,从而可以沿任何方向移动图形。

(2) 平移命令。

平移命令可以沿任意方向移动,而图形的大小保持不变,仅仅是图形的位置发生了改变。要平移一个图形,可以用以下任一种方法。

- 命令:Pan(别名:P)。
- 菜单:视图(V)→平移(P)→实时(T)。
- 快捷菜单:在绘图区单击鼠标右键,在弹出的快捷菜单中选择"平移"。
- 按钮:标准工具栏中的 ![按钮] 。

3. 鼠标滚轮的缩放平移功能

可以利用带滚轮的鼠标对图形进行缩放。向前滚动滚轮图形放大,向后滚动滚轮图形缩小。此操作类似 Zoom 命令的"实时"缩放选项。

双击滚轮(或中间键)时,图形在当前窗口中最大限度的显示,此操作类似 Zoom 命令的"范围"选项和按钮。

当在绘图区按下滚轮(或中间键)时,光标变成手状,此时图形将随着鼠标的移动而进行平移,此操作类似 Pan 命令。

4. 重生成图形

在打开一个文件或者实时缩放、平移视图的过程中,常会碰到精度不足(这并不会影响图形的输出精度)的图形,或是平移、实时缩放不能再继续的情况,此时可用"Recen"命令解决上述问题。

要重生成图形,可以选择以下方法。

- 命令:RECEN(简写:RE)。
- 菜单:视图(V)→重生成(G)。

2.4.4　绘图区域设置

绘图界限就是表明用户的工作区域和图纸的边界。设置绘图界限的目的是为了避免用户所绘制的图形超过某个范围而不能正常显示。确定绘图界限的步骤如下。

(1)确定绘图范围大小。

一般来说,确定绘图范围大小,主要采用以下两个原则。

① 按 1∶1 的比例。

由于 AutoCAD 是一个虚拟的绘图空间,在这个虚拟的数字空间中,可以按 1∶1 的比例容纳任意大小的图形。

② 采用标准图纸的比例。

因为绘图的最终目的是要输出到标准图纸上使用。因此在整体布局的时候,应该考虑标准图纸的比例,这样在输出的时候,才能够做到布局合理。

例如,如果我们要画一幅图,图形尺寸是 31800×23000,那么我们按照上述两个原则,应选择 42000×29700 的图形界限是比较合适的。

(2)设置图形界限。

通过菜单"格式"→"图形界限"或者在命令栏中输入"LIMITS",回车。输入"ON",回车(确认图形界限打开),如图 2-34 所示。接着再回车,指定"左下角点"时直接回车取默认的(0,0),指定"右上角点"时输入相对坐标值(42000,29700),回车,即可完成图形界限的确定。

(3)缩放屏幕,在屏幕中显示全部区域。

通过菜单"视图"→"缩放"→"全部"或通过命令行中输入"Zoom"命令,再键入"A",可以

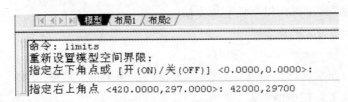

图 2-34　图形界限设置

在屏幕上显示全部图形界限的内容。如果屏幕上有图形超出了设置图形界限,则图形界限和图形都被显示在屏幕上。

有熟练者在不设定图形界限的情况下,直接用"Zoom"命令来控制图形的显示,这样设置图界就没有太大的意义了,因为超出图形界限的部分仍然能够正常显示。

(4) 打开栅格,查看绘图区域。

经过上面三步操作之后,如果已经打开了栅格功能,则在屏幕上每隔一定间距,会显示栅格点,有栅格点的地方即为绘图区域,如图 2-35 所示。

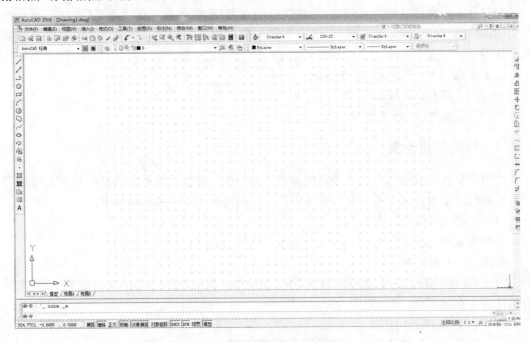

图 2-35　栅格打开后显示的效果

2.5　AutoCAD 2008 常用快捷键及帮助系统

目前,主流软件的更新速度越来越快,软件功能越强大,使用也越复杂,而推广往往跟不上其更新的速度,用户使用起来比较吃力。因此,软件开发商往往都会提供一套完善的帮助系统。帮助系统就好比一本字典,用户可以随时查询该软件的功能或者命令的使用方法,AutoCAD 2008 亦是如此,如图 2-36 所示其帮助系统包含了用户手册、命令使用说明和新功能介绍,用户可以很方便地进行查询和使用。打开方法是按 F1 功能键。然后通过目录和索引功能来找寻需要的知识点。同时,还需要留意计算机系统的反馈信息,它是我们进行下一步操作的指导。

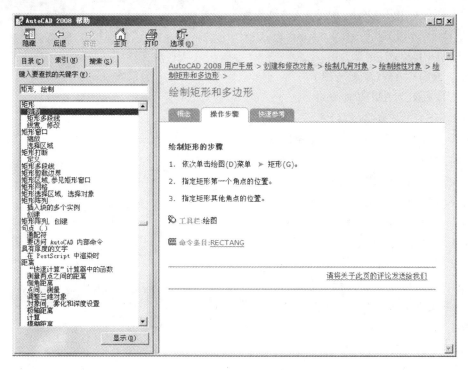

图 2-36　AutoCAD 2008 的帮助系统

常用快捷键表述如下。

1. 字母类

【AutoCAD 对象特性】

ADC,＊ADCENTER(设计中心"Ctrl＋2")

CH,MO ＊PROPERTIES(修改特性"Ctrl＋1")

MA,＊MATCHPROP(属性匹配)

ST,＊STYLE(文字样式)

COL,＊COLOR(设置颜色)

LA,＊LAYER(图层)

LT,＊LINETYPE(线形)

LTS,＊LTSCALE(线形比例)

LW,＊LWEIGHT(线宽)

UN,＊UNITS(图形单位)

ATT,＊ATTDEF(属性定义)

ATE,＊ATTEDIT(编辑属性)

BO,＊BOUNDARY(边界创建,包括创建闭合多段线和面域)

AL,＊ALIGN(对齐)

EXIT,＊QUIT(退出)

EXP,＊EXPORT(输出其他格式文件)

IMP,＊IMPORT(输入文件)

OP,PR　＊OPTIONS(自定义 CAD 设置)

PRINT,＊PLOT(打印)

PU,＊PURGE(清除)

R,＊REDRAW(重新生成)

REN,＊RENAME(重命名)

SN,＊SNAP(捕捉栅格)

DS,＊DSETTINGS(设置极轴追踪)

OS,＊OSNAP(设置捕捉模式)

PRE,＊PREVIEW(打印预览)

TO,＊TOOLBAR(工具栏)

V,＊VIEW(命名视图)

AA,＊AREA(面积)

DI,＊DIST(距离)

LI,＊LIST(显示图形数据信息)

【AutoCAD 快捷绘图命令】

PO,＊POINT(点)

L,＊LINE(直线)

XL,＊XLINE(射线)

PL,＊PLINE(多段线)

ML,＊MLINE(多线)

SPL,＊SPLINE(样条曲线)

POL,＊POLYGON(正多边形)

REC,＊RECTANGLE(矩形)

C,＊CIRCLE(圆)

A,＊ARC(圆弧)

DO,＊DONUT(圆环)

EL,＊ELLIPSE(椭圆)

REG,＊REGION(面域)

MT,＊MTEXT(多行文本)

T,＊MTEXT(多行文本)

B,＊BLOCK(块定义)

I,＊INSERT(插入块)

W,＊WBLOCK(定义块文件)

DIV,＊DIVIDE(等分)

H,＊BHATCH(填充)

【AutoCAD 快捷修改命令】

CO,＊COPY(复制)

MI，＊MIRROR（镜像）

AR，＊ARRAY（阵列）

O，＊OFFSET（偏移）

RO，＊ROTATE（旋转）

M，＊MOVE（移动）

E,DEL 键 ＊ ERASE（删除）

X，＊EXPLODE（分解）

TR，＊TRIM（修剪）

EX，＊EXTEND（延伸）

S，＊STRETCH（拉伸）

LEN，＊LENGTHEN（直线拉长）

SC，＊SCALE（比例缩放）

BR，＊BREAK（打断）

CHA，＊CHAMFER（倒角）

F，＊FILLET（倒圆角）

PE，＊PEDIT（多段线编辑）

ED，＊DDEDIT（修改文本）

【AutoCAD 快捷视窗缩放】

P，＊PAN（平移）

Z＋空格＋空格，＊实时缩放

Z，＊局部放大

Z＋P，＊返回上一视图

Z＋E，＊显示全图

【AutoCAD 快捷尺寸标注】

DLI，＊DIMLINEAR（直线标注）

DAL，＊DIMALIGNED（对齐标注）

DRA，＊DIMRADIUS（半径标注）

DDI，＊DIMDIAMETER（直径标注）

DAN，＊DIMANGULAR（角度标注）

DCE，＊DIMCENTER（中心标注）

DOR，＊DIMORDINATE（点标注）

TOL，＊TOLERANCE（标注形位公差）

LE，＊QLEADER（快速引出标注）

DBA，＊DIMBASELINE（基线标注）

DCO，＊DIMCONTINUE（连续标注）

D，＊DIMSTYLE（标注样式）

DED，＊DIMEDIT（编辑标注）

DOV，＊DIMOVERRIDE（替换标注系统变量）

2. AutoCAD 快捷常用 CTRL 快捷键

【CTRL】+1 ＊ PROPERTIES(修改特性)

【CTRL】+2 ＊ ADCENTER(设计中心)

【CTRL】+O ＊ OPEN(打开文件)

【CTRL】+N、M ＊ NEW(新建文件)

【CTRL】+P ＊ PRINT(打印文件)

【CTRL】+S ＊ SAVE(保存文件)

【CTRL】+Z ＊ UNDO(放弃)

【CTRL】+X ＊ CUTCLIP(剪切)

【CTRL】+C ＊ COPYCLIP(复制)

【CTRL】+V ＊ PASTECLIP(粘贴)

【CTRL】+B ＊ SNAP(栅格捕捉)

【CTRL】+F ＊ OSNAP(对象捕捉)

【CTRL】+G ＊ GRID(栅格)

【CTRL】+L ＊ ORTHO(正交)

【CTRL】+W ＊ (对象追踪)

【CTRL】+U ＊ (极轴)

3. AutoCAD 快捷常用功能键

【F1】＊ HELP(帮助)

【F2】＊ (文本窗口)

【F3】＊ OSNAP(对象捕捉)

【F7】＊ GRIP(栅格)

【F8】＊ ORTHO(正交)

2.6 AutoCAD 2008 坐标系统

所有的建筑图形都是由直线和曲线等基本的二维图形组合而成。这些基本的图形线条简单,容易绘制,掌握基本图形绘制的方法是学习 AutoCAD 和进行建筑图设计的基础。本节采用任务驱动法,以实例讲解二维图形绘制的使用方法。

2.6.1 参数的输入

任意物体在空间中的位置都是通过一个坐标系来定位的。在 AutoCAD 的图形绘制中,也是通过坐标系来确定相应图形对象的位置的,坐标系是确定对象位置的基本手段。AutoCAD 采用了多种坐标系以便绘制,如世界坐标系(WCS)和用户坐标系(UCS)。

世界坐标系是 AutoCAD 2008 默认的基本坐标系统(见图 2-37),它是由三个相互垂直且相交的坐标轴 X、Y、Z 组成,世界坐标系的原点永远是(0,0,0)。

用户坐标系是可变的坐标系统,通常在图形绘制时为了能够更好地辅助绘图,经常需要修改坐标系的原点和方向,这时世界坐标系将变为用户坐标系即 UCS(见图 2-38)。用户坐标系的原点及 X 轴、Y 轴、Z 轴方向都是可以移动及旋转的。

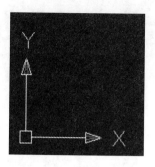

图 2-37 世界坐标系（WCS）

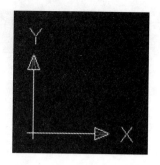

图 2-38 用户坐标系（UCS）

新建用户坐标系的方法如下。

下拉菜单：选择"工具"→"新建 UCS"→"原点"输入新原点坐标值，回车。

命令行：UCS，回车。

提示：指定 UCS 的原点或［面（F）/命名（NA）/对象（OB）/上一个（P）/视图（V）/世界（W）/X/Y/Z/Z 轴（ZA）]＜世界＞：

输入新原点坐标值，回车。

注：由世界坐标系（WCS）改变为用户坐标系（UCS）后，图标上原点处没有小方框。

2.6.1.1 坐标的输入

使用 AutoCAD 2008 绘制图形时，采用的精确定位坐标点的方法通常有四种，即绝对坐标、相对坐标、绝对极坐标、相对极坐标。

1. 绝对坐标

绝对坐标是以当前坐标系原点为输入坐标值的基准点，输入点的坐标值都是相对于坐标系原点（0,0,0）的距离而确定的。

2. 相对坐标

相对坐标是以上一次输入点为输入坐标值的基准点而确定的，用户可以在命令行输入（@x,y）的方式输入相对坐标。

3. 绝对极坐标

绝对极坐标是以当前坐标系原点为极点，输入点的坐标值是由一个长度值和角度值的组合来确定的。

4. 相对极坐标

相对极坐标是以上一次输入点为极点，输入极长距离和偏移角度来表示。用户可以在命令行输入（@1＜α）的方式输入相对极坐标，其中@表示相对 1 表示极长，α 表示角度。

2.6.1.2 数值与角度的输入

任务一：使用绝对坐标绘制直角等腰三角形。

绘制步骤：

（1）启动 AutoCAD 2008 中文版软件系统，将显示如图 2-39 所示的绘制界面。

（2）单击绘图工具栏中的"直线"命令按钮 ／，或输入快捷命令"L"。命令行提示如下。

（命令：_line 指定第一点：）

输入：0,0（以原点 O 为第一点 A）回车，命令行再次提示如下。

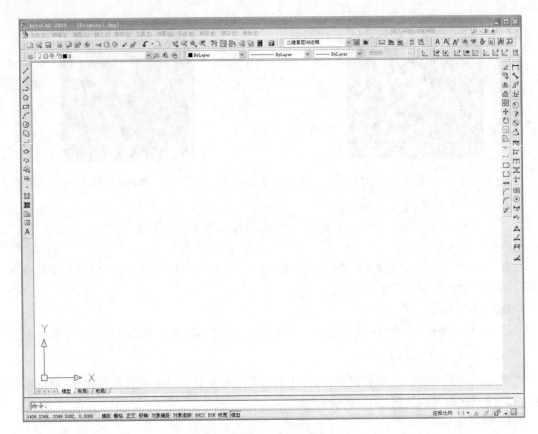

图 2-39 绘制界面

（指定下一点或［放弃(U)］：）

输入：500,500(绘制第二点 B)回车,命令行再次提示如下。

（指定下一点或［放弃(U)］：）

输入：500,0(绘制第三点 C)回车,命令行再次提示如下。

（指定下一点或［闭合(C)/放弃(U)］：）

输入：0,0 或 C(回到起始点 A)回车,完成绘制。

此时屏幕显示的图形如图 2-40 所示。

小结：任务一主要利用绝对坐标及"直线"命令绘制直角等腰三角形,学会使用绝对坐标绘制图形。

任务二：使用相对坐标及相对极坐标绘制等边三角形。

绘制步骤如下。

(1) 启动 AutoCAD 2008 中文版软件系统,将显示绘制界面。

(2) 单击绘图工具栏中的"直线"命令按钮 ∕ ,或输入快捷命令"L",命令行提示如下。

（命令：_line 指定第一点：）

输入：100,100(绘制第一点 A)回车。命令行再次提示如下。

（指定下一点或［放弃(U)］：）

输入：@500,0(绘制第二点 B)回车。命令行再次提示如下。

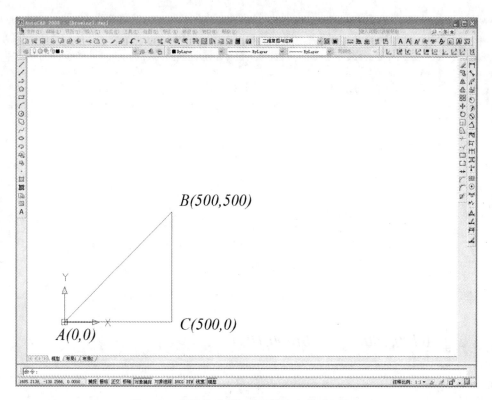

图 2-40 使用绝对坐标绘制的直角等腰三角形

（指定下一点或［放弃（U）］：）

输入：@500＜120（绘制第二点 C）回车，命令行再次提示如下。

（指定下一点或［闭合（C）/放弃（U）］：）

输入：@500＜240 或 C（回到起始点 A）回车，完成绘制。

此时屏幕显示的图形如图 2-41 所示。

小结：任务二主要利用相对坐标、相对极坐标及"直线"命令绘制等边三角形，学会使用相对坐标、相对极坐标绘制图形。

2.6.1.3 UCS 工具栏介绍

通常在建筑图绘制时为了能够更好地辅助绘图，经常需要修改坐标系的原点和方向，这时可以将世界坐标系变为用户坐标系即 UCS。

用户可选择"工具"→"新建 UCS"（图 2-42），通过下面的菜单来新建 UCS。也可在 AutoCAD 2008 工具栏空白处单击右键选择"ACAD"→"UCS"，即可弹出"UCS"工具栏，"UCS"工具栏可供用户使用的菜单如图 2-43 所示。

图 2-43 中，为建立 UCS 坐标系；为恢复到世界坐标系；为恢复到上一个 UCS；为选择实体的面来定义新坐标；为选择对象定义新坐标；为建立新坐标系，使其 XY 面平行于屏幕；为移动原点定义新坐标；为延伸 Z 轴正方向的方法来定义新的 UCS；为通过制定新的原点、X 轴方向、Y 轴方向来确定新的 UCS；为绕 X 轴旋转当前 UCS 一个角度来定义新的 UCS；为绕 Y 轴旋转当前 UCS 一个角度来定义新的

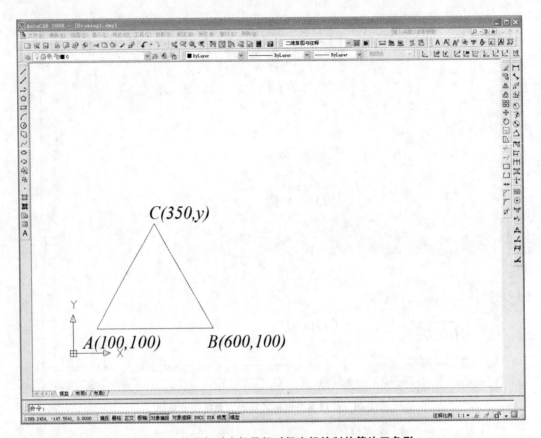

图 2-41　使用相对坐标及相对极坐标绘制的等边三角形

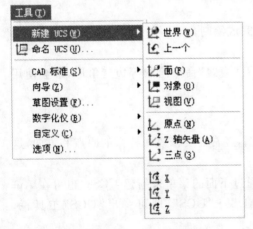

图 2-42　新建 UCS 的下拉菜单

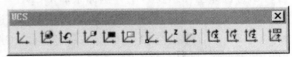

图 2-43　UCS 工具栏

UCS； 为绕 Z 轴旋转当前 UCS 一个角度来定义新的 UCS；为向选定的视口应用当前 UCS(AutoCAD 2008 允许每个视口具有独立的 UCS)。

项目 3   图 形 绘 制

【学习要求】

图形绘制是 AutoCAD 的重点内容,能否熟练掌握本章内容直接影响使用 AutoCAD 操作的速度和质量。本项目内容包括一些基本图形对象的绘制,如点、直线、多线、多段线、圆、圆弧、矩形、多边形的绘制等。希望同学们认真学习,能够熟练地运用这些命令。

3.1   绘制点和直线

3.1.1   点

点是最简单的图形,下面介绍点的绘制方法。

3.1.1.1   绘制单点

单点命令一次只能绘制一个点。

第一步:选择绘制单点命令。

方法一:选择"绘图"菜单下"点"弹出菜单的"单点"命令。

方法二:在命令行输入单点命令"POINT"或快捷键"PO"并按回车键或空格键确定。

第二步:指定点,在需要绘制单点的地方单击左键。

完成单点的绘制。

由于点在绘图区中不易被识别,所以可以改变点的显示方式。

第一步:选择"格式"菜单下的"点样式"命令。

第二步:在弹出的对话框中选择需要的点样式和显示点的大

小,按"确定"退出对话框。

图 3-1   点样式对比

点设置前后对比如图 3-1 所示。

3.1.1.2   绘制多点

绘制多点的步骤与绘制单点的步骤差不多,只是绘制多点可以连续进行多个点的绘制,不需要重复输入命令。绘制多点如图 3-2 所示(已经过点样式设置)。

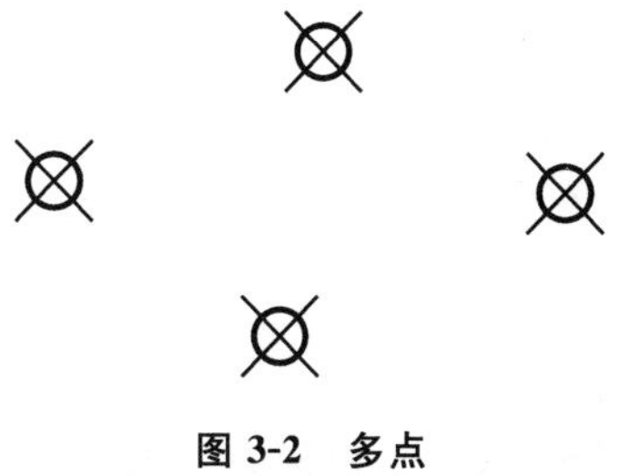

第一步:选择绘制多点命令,选择"绘图"菜单下"点"弹出菜单的"多点"命令。

第二步:指定点,在需要绘制点的地方单击左键。

重复第二步操作可绘制多点。

图 3-2   多点

第三步:按 Esc 键完成多点绘制。

3.1.1.3 绘制定数等分点

"定数等分"命令可根据要求绘制一定数目的点,而每一组相邻点之间的距离相等。图 3-3 所示为定数等分点,等分数为 4。

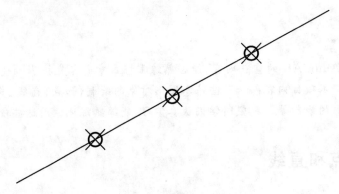

图 3-3 定数等分点

第一步:选择定数等分命令。

方法一:选择"绘图"菜单下"点"弹出菜单的"定数等分"命令。

方法二:在命令行输入单点命令"DIVIDE"或快捷键"DIV"并按回车键或空格键确定。

第二步:在绘图区中选择要定数等分的对象。

第三步:输入线段数目,在命令行中输入等分的线段数目并按回车键或空格键确定。

完成定数等分点的绘制。

3.1.1.4 绘制定距等分点

定距等分命令所绘制的点可根据给定的距离将对象进行等距离的划分。图 3-4 所示为定距等分点。

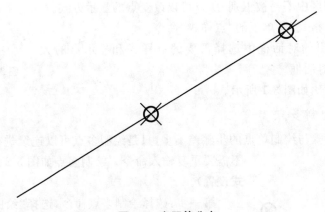

图 3-4 定距等分点

第一步:选择定距等分命令。

方法一:选择"绘图"菜单下"点"弹出菜单的"定距等分"命令。

方法二:在命令行输入单点命令"MEASURE"或快捷键"MEAS"并按回车键或空格键确定。

第二步:在绘图区中选定要定距等分的对象。

第三步:指定线段长度,根据命令行提示输入待等分线段的长度。定距等分后不足定距的部分不做处理。

完成等距等分点的绘制。

3.1.2 直线

直线是绘图中使用最多的图形要素,也是最简单的图形。直线图形如图 3-5 所示,其中每一段直线独立成为一个对象。

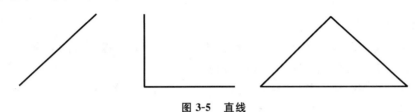

图 3-5 直线

直线绘制步骤如下。

先把 AutoCAD 2008 界面切换成 AutoCAD 经典界面。在 AutoCAD 2008 界面的标题栏点击界面选择下拉菜单,然后把"草图与注释"界面切换成"AutoCAD 经典"界面。该界面操作简单方便,后面的命令介绍皆以该界面为基础进行。

第一步:选择绘制直线命令。

方法一:选择"绘图"菜单下的"直线"命令。

方法二:在命令行中直接输入直线命令"LINE"或直线命令快捷键"L"并按回车键或空格键确定。

方法三:单击绘图工具栏的直线按钮。

第二步:指定第一点,根据命令行的提示用鼠标在绘图区中点击一次确定直线的第一个点。

第三步:指定第二点,根据命令行的提示用鼠标在绘图区中点击一次确定直线的第二个点。

重复第三步可以不断地绘制多条直线。当直线图形需要闭合时,可以根据命令行提示输入"C"进行图形闭合。

绘图过程中需要放弃上一次操作时,可根据命令行提示输入"U"并按空格键或回车键对上一次操作进行撤销,需要终止直线绘制时,可以单击鼠标右键,在弹出的快捷菜单中点击"确认"完成直线的绘制。

第四步:按空格键或回车键完成直线绘制。

3.2 绘制多线和构造线

3.2.1 多线的绘制

多线是由多条平行且连续的直线段组成的一种复合线,在 AutoCAD 制图中熟练运用多线能够减少绘图操作,提高绘图效率,多线如图 3-6 所示。

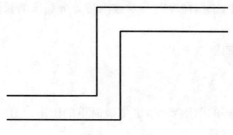

图 3-6　多线

1. 设置多线样式

由于在绘制多线时,多线的很多设置已经不能改变,所以在绘制多线之前必须对多线的样式进行设置。下面对多线设置的步骤进行说明。

第一步:打开"多线样式"对话框。

方法一:选择"格式"菜单下的"多线样式"命令。

方法二:在命令行中输入"MLSTYLE"并按回车键或空格键确定。

"多线样式"对话框如图 3-7 所示,其各项选项说明如下。

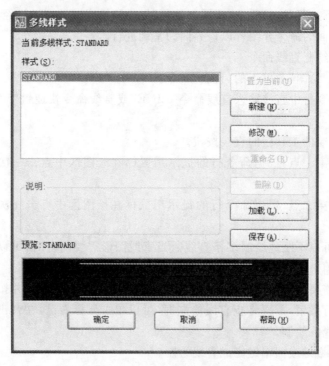

图 3-7　"多线样式"对话框

"当前多线样式:STANDARD"区域:显示当前正在使用的多线样式名为"STANDARD"。

"样式"区域:在其下列表中显示当前文档中所有的多线样式。

"置为当前"按钮:单击该按钮,可将选中的多线样式设置成为当前的多线样式。

"新建"按钮:单击该按钮,可新建多线样式。

"修改"按钮:单击该按钮,可对选中的多线样式进行修改。

"重命名"按钮：单击该按钮，可对选中的多线样式进行重命名。

"删除"按钮：单击该按钮，可对选中的多线样式进行删除。

"加载"按钮：单击该按钮，可加载一个硬盘上现有的多线样式。

"保存"按钮：单击该按钮，可将选中的多线样式保存到硬盘里。

"说明"区域：在其下的区域中可显示被选中的多线样式中的说明。

"预览：STANDARD"区域：在其下的区域中显示当前选中多线样式的预览效果。

第二步：在样式区域选择"STANDARD"多线样式，以之为基础样式创建新样式，单击"新建"按钮。

第三步：在弹出的"创建新的多线样式"对话框的"新样式名"文本框中输入新多线样式的名称，如"ABC"，单击"继续"按钮，创建"新建多线样式：ABC"对话框。

创建的"新建多线样式：ABC"对话框如图 3-8 所示，其各个区域和选项的说明如下。

图 3-8　"新建多线样式"对话框

"说明"文本框：在文本框中可填写该多线样式的说明。

"封口"区域：可对多线两端的封口形式进行设置。

"直线"多选框：使用直线进行封口。

"外弧"多选框：使用外侧弧进行封口。

"内弧"多选框：使用内侧弧进行封口。

"角度"多选框：封口带有角度。

"填充"区域：可对填充区域的颜色进行选择。

"显示连接"多选框：在绘制带拐角的多线时会在拐角处显示一条连接线。

"图元"区域：显示组成多线的图元的属性，包括偏移、颜色及线型。

"添加"按钮：单击该按钮，可添加一个图元。

"删除"按钮：单击该按钮，可删除选中图元。

"偏移"文本框：在该文本框中可设置当前选中图元的偏移值。

"颜色"下拉列表：可设置当前选中图元的颜色。

"线型"按钮：单击该按钮，可弹出"选择线型"对话框，对图元线型进行设置。

第四步：单击添加按钮添加一条偏移量为 0 的虚线，三个图元的颜色都设为青色，起点和端点用直线封口。单击"确定"按钮完成多线样式创建。

第五步：选中 ABC 样式并将其设置为当前使用样式。单击"确定"按钮关闭"多线样式"对话框。

2. 绘制多线

第一步：选择多线命令。

方法一：选择"绘图"菜单中的"多线"命令。

方法二：在命令行中输入"MLINE"或快捷命令"ML"并按回车键或空格键确定。

第二步：选择对正方式。

（1）输入"J"并按回车键或空格键确定。

（2）输入"Z"选择对正类型为"无"。

第三步：选择多线比例。根据命令行提示输入"S"并按回车键或空格键确定。输入多线比例，比例表示最外侧两侧多线之间的距离与它们偏移值之和的商。即如果最外侧两侧多线的偏移值之和为 1，那么比例的值就为绘图区中最外侧两侧多线的距离。

第四步：绘制多线。方法与绘制直线相同。

完成多线绘制。

3.2.2 构造线

构造线是一条通过指定点的无限长的直线，可以使用多种方法制定构造线的方向。在绘图过程中，构造线是重要的辅助线。

构造线绘制步骤如下。

第一步：选择绘制构造线命令。

方法一：选择"绘图"菜单下的"构造线"命令。

方法二：在命令行中直接输入直线命令"XLINE"或快捷键"XL"并按回车键或空格键确定。

方法三：单击绘图工具栏的构造线按钮。

第二步：指定点。根据命令行提示在绘图区中单击鼠标左键指定构造线通过的一点。

第三步：指定通过点。根据命令行提示在绘图区中单击鼠标左键指定构造线通过的另外一点。

重复第三步可绘制多条通过第一个指定点的构造线，且角度是任意的，当需要绘制特定角度的构造线时，需要在第二步时根据命令行提示输入相关命令。下面对绘制特定角度构造线的方法进行说明。

（1）绘制水平构造线。

水平构造线是平行于绘图区坐标轴 X 轴的直线。

第一步：选择绘制构造线命令。

方法一：选择"绘图"菜单下的"构造线"命令。

方法二：在命令行中直接输入直线命令"XLINE"或快捷键"XL"并按回车键或空格键

确定。

方法三:单击绘图工具栏的构造线按钮。

第二步:选择构造线类型,根据命令行提示输入"H"并按空格键或回车键进行水平构造线的绘制。

第三步:根据命令行提示在绘图区中指定通过点即可以得到一条通过指定点的水平构造线,重复指定通过点可得到多条水平构造线。

第四步:按回车键或空格键结束命令。

(2)绘制垂直构造线。

垂直构造线是垂直于绘图区坐标轴 X 轴的直线。

第一步:选择绘制构造线命令。

方法一:选择"绘图"菜单下的"构造线"命令。

方法二:在命令行中直接输入直线命令"XLINE"或快捷键"XL"并按回车键或空格键确定。

方法三:单击绘图工具栏的构造线按钮。

第二步:选择构造线类型。

在命令行中输入"V"并按空格键或回车键确定,进行垂直构造线的绘制。

第三步:根据命令行提示在绘图区中指定通过点即可以得到一条通过指定点的垂直构造线,重复指定通过点可得到多条垂直构造线。

第四步:按回车键或空格键可结束命令。

(3)绘制特定角度的构造线。

第一步:选择绘制构造线命令。

方法一:选择"绘图"菜单下的"构造线"命令。

方法二:在命令行中直接输入直线命令"XLINE"或快捷键"XL"并按回车键或空格键确定。

方法三:单击绘图工具栏的构造线按钮。

第二步:选择构造线类型。

根据命令行提示输入"A"并按空格键或回车键进行特定角度构造线的绘制。

第三步:分以下两种情况。

情况一:当知道构造线与水平线之间的夹角时,可根据命令行提示直接输入角度并按回车键或空格键确定,得到一条与水平线夹角为指定角度的构造线。

情况二:当绘图区中已经绘制了一条直线,需要绘制的构造线与该直线成一定角度时,可根据命令行提示输入"R"并按回车键或空格键确定。

第四步:选择支线对象。根据命令行提示选择作为参照的直线对象。

第五步:输入构造线的角度。根据命令行提示输入或用鼠标指定两点确定构造线相对于该直线的角度。

第六步:指定通过点。在绘图区内单击鼠标左键指定构造线通过点即可得到所需要的构造线。

重复第六步可绘制多条二等分构造线。

第七步:按回车键或空格键结束命令。

（4）绘制二等分构造线。

二等分构造线是通过已知角的顶点且二等分已知角的构造线（见图3-9）。

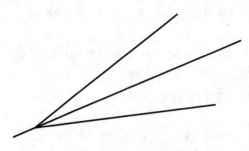

图 3-9　绘制二等分构造线

第一步：选择绘制构造线命令。

方法一：选择"绘图"菜单下的"构造线"命令。

方法二：在命令行中直接输入直线命令"XLINE"或快捷键"XL"并按回车键或空格键确定。

方法三：单击绘图工具栏的构造线按钮。

第二步：选择构造线类型。

根据命令行提示输入"B"并按空格键或回车键进行二等分构造线的绘制。

第三步：指定角的顶点。鼠标左键单击已知角的顶点。

第四步：指定角的起点。鼠标左键单击已知角一条边的端点。

第五步：指定角的端点。鼠标左键单击已知角另一条边的端点。

重复第五步可绘制多条二等分构造线。

第六步：按回车键或空格键结束命令。

（5）绘制偏移构造线。

偏移构造线是指与已知直线平行的构造线。

第一步：选择绘制构造线命令。

方法一：选择"绘图"菜单下的"构造线"命令。

方法二：在命令行中直接输入直线命令"XLINE"或快捷键"XL"并按回车键或空格键确定。

方法三：单击绘图工具栏的构造线按钮。

第二步：选择构造线类型，根据命令行提示输入"O"并按空格键或回车键进行偏移构造线的绘制。

第三步：根据命令行提示，不同选项进行不同的操作。

情况一：直接输入偏移值。

① 输入偏移值，并按回车键或空格键确认。该数值为需要偏移的距离，偏移方向垂直于已知直线。

② 选择直线对象，该直线的方向即为偏移构造线的方向。

③ 指定偏移方向，指定已知直线的一侧为构造线偏移方向，单击鼠标左键，即可得到一条偏移构造线。

重复②和③可得到多条偏移构造线。

情况二:指定点进行偏移。

① 根据命令行提示输入"T"并按回车键或空格键确定。

② 选择直线对象,选择一条已知的直线。

③ 指定通过点,选取构造线通过的点,即可得到与已知直线平行的并通过指定点的偏移构造线。

重复②和③可得到多条偏移构造线。

第四步:按回车键或空格键结束命令。

3.3　绘制圆、圆弧、椭圆和椭圆弧

3.3.1　绘制圆

绘制圆(见图 3-10)的方法有很多种,下面分别介绍这几种方法。

1. 给定圆心和半径绘制圆

第一步:选择绘制圆命令。

方法一:选择"绘图"菜单下"圆"弹出菜单中的"圆心、半径"命令。

方法二:在命令行中直接输入直线命令"CIRCLE"或快捷键"C"并按回车键或空格键确定。

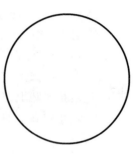

图 3-10　圆

第二步:指定圆心。根据命令行提示在绘图区中指定圆的圆心。

第三步:指定圆的半径。根据命令行提示直接输入半径并按回车键或空格键确定,或者直接用鼠标在绘图区中确定。

完成圆的绘制。

2. 给定圆心和直径绘制圆

第一步:选择"绘图"菜单下"圆"弹出菜单中的"圆心、直径"命令。

第二步:指定圆的圆心。根据命令行提示在绘图区中指定圆的圆心。

第三步:指定圆的直径。根据命令行提示直接输入直径并按回车键或空格键确定,或者直接用鼠标在绘图区中确定。

完成圆的绘制。

3. 给定圆直径上两个端点绘制圆

第一步:选择"绘图"菜单下"圆"弹出菜单中的"两点"命令。

第二步:指定圆直径的第一个端点。根据命令行提示在绘图区中指定圆直径的第一个端点。

第三步:指定圆直径的第二个端点。根据命令行提示在绘图区中指定圆直径的第二个端点。

完成圆的绘制。

4. 给定圆周上三个点绘制圆

第一步:选择"绘图"菜单下"圆"弹出菜单中的"三点"命令。

第二步:指定圆上的第一个点。根据命令行提示在绘图区中指定圆周上第一个点。

第三步:指定圆上的第二个点。根据命令行提示在绘图区中指定圆周上第二个点。

第四步:指定圆上的第三个点。根据命令行提示在绘图区中指定圆周上第三个点。

完成圆的绘制。

5. 给定半径和两个相切对象绘制圆

第一步:选择"绘图"菜单下"圆"弹出菜单中的"相切、相切、半径"命令。

第二步:指定对象与圆的第一个切点。在绘图区中选取指定对象与圆的第一个切点。

第三步:指定对象与圆的第二个切点。在绘图区中选取指定对象与圆的第二个切点。

第四步:指定圆的半径。直接输入圆的半径并按回车键或空格键确定。

完成圆的绘制。

注意圆的半径不能过小,否则命令行会提示"圆不存在",导致绘制失败。

6. 给定三个相切对象绘制圆

第一步:选择"绘图"菜单下"圆"弹出菜单中的"相切、相切、相切"命令。

第二步:指定圆上的第一个点,在绘图区中选择圆要相切的第一个对象。

第三步:指定圆上的第二个点,在绘图区中选择圆要相切的第二个对象。

第四步:指定圆上的第三个点,在绘图区中选择圆要相切的第三个对象。

完成圆的绘制。

注意第二步到第四步指定的圆上的点实际上是指定与圆相切的对象,也就是说指定的点不一定就是圆上的点,与最后绘制出来的圆上的点无关。

3.3.2　绘制圆弧

圆弧是圆的一部分,如图 3-11 所示。绘制圆弧有很多方法,下面分别介绍这些方法。

1. 给定三点绘制圆弧

第一步:选择绘制圆命令。

方法一:选择"绘图"菜单下"圆弧"弹出菜单中的"三点"命令。

方法二:在命令行中直接输入直线命令"ARC"并按回车键或空格键确定。

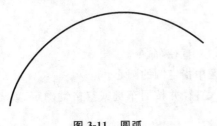

图 3-11　圆弧

第二步:指定圆弧的起点。在绘图区中指定圆弧的起点。

第三步:指定圆弧的第二个点。在绘图区中指定圆弧的第二个点。

第四步:指定圆弧的端点。在绘图区中指定圆弧的端点。

完成圆弧的绘制。

2. 给定起点、圆心、端点绘制圆弧

第一步:选择"绘图"菜单下"圆弧"弹出菜单中的"起点、圆心、端点"命令。

第二步:指定圆弧的起点。在绘图区中指定圆弧的起点。

第三步:指定圆弧的圆心。在绘图区中指定圆弧的圆心。

第四步:指定圆弧的端点。在绘图区中指定圆弧的端点。

完成圆弧的绘制。

3. 给定起点、圆心、角度绘制圆弧

第一步:选择"绘图"菜单下"圆弧"弹出菜单中的"起点、圆心、角度"命令。

第二步:指定圆弧的起点。在绘图区中指定圆弧的起点。

第三步:指定圆弧的圆心。在绘图区中指定圆弧的圆心。

第四步:指定包含角。根据命令行提示输入圆弧的圆心角并按回车键或空格键确定。

完成圆弧的绘制。

4. 给定起点、圆心、长度绘制圆弧

第一步:选择"绘图"菜单下"圆弧"弹出菜单中的"起点、圆心、长度"命令。

第二步:指定圆弧的起点。在绘图区中指定圆弧的起点。

第三步:指定圆弧的圆心。在绘图区中指定圆弧的圆心。

第四步:指定弦长。根据命令行提示输入圆弧的弦长并按回车键或空格键确定。

完成圆弧绘制。

5. 给定起点、端点、角度绘制圆弧

第一步:选择"绘图"菜单下"圆弧"弹出菜单中的"起点、端点、角度"命令。

第二步:指定圆弧的起点。在绘图区中指定圆弧的起点。

第三步:指定圆弧的端点。在绘图区中指定圆弧的端点。

第四步:指定包含角。根据命令行提示输入圆弧的圆心角并按回车键或空格键确定。

完成圆弧的绘制。

6. 给定起点、端点、方向绘制圆弧

第一步:选择"绘图"菜单下"圆弧"弹出菜单中的"起点、端点、方向"命令。

第二步:指定圆弧的起点。在绘图区中指定圆弧的起点。

第三步:指定圆弧的端点。在绘图区中指定圆弧的端点。

第四步:指定圆弧的起点切向。根据命令行提示输入起点切线角度并按回车键或空格键确定。

完成圆弧的绘制。

7. 给定起点、端点、半径绘制圆弧

第一步:选择"绘图"菜单下"圆弧"弹出菜单中的"起点、端点、半径"命令。

第二步:指定圆弧的起点。在绘图区中指定圆弧的起点。

第三步:指定圆弧的端点。在绘图区中指定圆弧的端点。

第四步:指定圆弧的半径。根据命令行提示输入圆弧半径并按回车键或空格键确定。

完成圆弧的绘制。

8. 给定圆心、起点、端点绘制圆弧

第一步:选择"绘图"菜单下"圆弧"弹出菜单中的"圆心、起点、端点"命令。

第二步:指定圆弧的圆心。在绘图区中指定圆弧的圆心。

第三步:指定圆弧的起点。在绘图区中指定圆弧的起点。

第四步:指定圆弧的端点。在绘图区中指定圆弧的端点。

完成圆弧的绘制。

9. 给定圆心、起点、角度绘制圆弧

第一步:选择"绘图"菜单下"圆弧"弹出菜单中的"圆心、起点、角度"命令。

第二步:指定圆弧的圆心。在绘图区中指定圆弧的圆心。

第三步:指定圆弧的起点。在绘图区中指定圆弧的起点。

第四步:指定包含角。根据命令行提示输入圆弧圆心角并按回车键或空格键确定。

完成圆弧的绘制。

10. 给定圆心、起点、长度绘制圆弧

第一步:选择"绘图"菜单下"圆弧"弹出菜单中的"圆心、起点、长度"命令。

第二步:指定圆弧的圆心。在绘图区中指定圆弧的圆心。

第三步:指定圆弧的起点。在绘图区中指定圆弧的起点。

第四步:指定弦长。根据命令行提示输入圆弧弦长并按回车键或空格键确定。

完成圆弧的绘制。

11. 绘制连续的圆弧

连续的圆弧可以以前一个对象(直线或圆弧)的端点为起点绘制,该圆弧起点的切线方向与前一个对象端点的切线方向相同。也就是说,已经给定了圆弧的起点和起点的切线方向,那么只需要确定圆弧端点就可以确定圆弧。

第一步:选择"绘图"菜单下"圆弧"弹出菜单中的"继续"命令。

第二步:指定圆弧的端点。在绘图区中指定圆弧的端点。

完成圆弧的绘制。

3.3.3 绘制椭圆

绘制椭圆(见图 3-12)有两种方法,下面对这两种方法进行介绍。

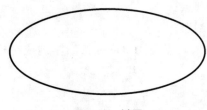

图 3-12 椭圆

1. 给定椭圆中心点绘制椭圆

第一步:选择"绘图"菜单下"椭圆"弹出菜单中的"中心点"命令。

第二步:指定椭圆的中心点。在绘图区中指定椭圆的中心点。

第三步:指定轴的端点。在绘图区中指定椭圆一条半轴的端点。

第四步:指定另一条半轴长度。在绘图区中指定椭圆另一条半轴的长度或直接输入长度并按回车键或空格键确定。

完成椭圆的绘制。

2. 给定椭圆一条轴的两个端点和另一条轴的半轴长度绘制椭圆

第一步:选择绘制椭圆命令。

方法一:选择"绘图"菜单下"椭圆"弹出菜单中的"轴、端点"命令。

方法二:在命令行中直接输入直线命令"ELLIPSE"或快捷键"EL"并按回车键或空格键确定。

第二步:指定椭圆的轴端点。在绘图区中指定椭圆一条轴的一个端点。

第三步:指定轴的另一个端点。在绘图区中指定椭圆一条轴的另一个端点。

第四步:指定另一条半轴长度。在绘图区中指定椭圆另一条轴的半轴长度或直接输入半轴长度并按回车键或空格键确定。

完成圆弧的绘制。

3.3.4 绘制椭圆弧

椭圆弧(见图 3-13)为椭圆的一部分,椭圆弧的绘制方法如下。

第一步:选择"绘图"菜单下"椭圆"弹出菜单中的"椭圆弧"命令。

第二步:先根据椭圆的绘制方法绘制一个椭圆。

第三步:指定起点角度。根据命令行提示输入椭圆弧起点角度并按回车键或空格键确定。

图 3-13 椭圆弧

第四步:指定端点角度。根据命令行提示输入椭圆弧端点角度并按回车键或空格键确定。

完成椭圆弧的绘制。

3.4 绘制圆环

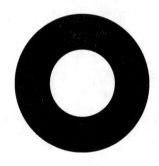

图 3-14 圆环

圆环其实是由两个圆组成的图形,外面大圆的直径为外径,里面小圆的直径为内径,如图 3-14 所示。圆环的绘制步骤如下。

第一步:选择绘制圆环命令。

方法一:选择"绘图"菜单下的"圆环"命令。

方法二:在命令行中直接输入直线命令"DONUT"或快捷键"DO"并按回车键或空格键确定。

第二步:指定圆环的内径。根据命令行提示输入圆环内径数值并按回车键或空格键确定。

第三步:指定圆环的外径。根据命令行提示输入圆环外径数值并按回车键或空格键确定。

第四步:指定圆环的中心点。在绘图区指定圆环中心点。

重复第四步可得到多个圆环。

第五步:按回车键或空格键确定。

完成圆环的绘制。

3.5 绘制矩形和正多边形

3.5.1 绘制矩形

1. 绘制普通矩形

绘制普通矩形(见图 3-15)的步骤如下。

图 3-15 普通矩形

第一步：选择绘制矩形命令。

方法一：选择"绘图"菜单下的"矩形"命令。

方法二：在命令行中直接输入直线命令"RACT-ANG"或快捷键"RAC"并按回车键或空格键确定。

方法三：单击绘图工具栏的矩形按钮。

第二步：指定第一个角点。在绘图区中指定矩形的一个角点。

第三步：根据需要分四种操作。

情况一：直接指定另一个角点。在绘图区中指定矩形另一个角点。

情况二：知道矩形面积和一边长度时，可根据命令行提示输入"A"并按回车键或空格键确定。

① 根据命令行提示输入面积并按回车键或空格键确定。

② 根据需要选择"长度 L"或"宽度 W"。

③ 输入长度或宽度并按回车键或空格键确定，完成矩形绘制。

情况三：知道矩形长和宽的尺寸时，可根据命令行提示输入"D"并按回车键或空格键确定。

① 指定矩形的长度。根据命令行提示输入矩形的长度，注意矩形的长度为矩形平行于绘图区坐标轴 X 轴方向的边的长度。

② 指定矩形的宽度。根据命令行提示输入矩形的宽度，注意矩形的宽度为矩形垂直于绘图区坐标轴 X 轴方向的边的长度。

③ 指定另一个角点。在绘图区中指定矩形另一个角点，完成矩形绘制。

情况四：需要绘制旋转一定角度的矩形时可根据命令行提示输入"R"并按回车键或空格键确定。

① 在命令行提示下，输入旋转角数值并按回车键或空格键确定。注意旋转角以绘图区 X 轴正方向为 0，逆时针为正。

② 指定另一个角点，完成矩形的绘制。

2. 绘制倒角矩形

倒角矩形就是对矩形四个角进行倒角的矩形，在绘制倒角矩形时需要给定倒角的尺寸。倒角矩形如图 3-16 所示。

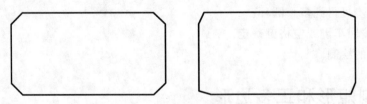

图 3-16 倒角矩形

倒角矩形的绘制步骤如下。

第一步：选择绘制矩形命令。

方法一：选择"绘图"菜单下的"矩形"命令。

方法二：在命令行中直接输入直线命令"RACTANG"或快捷键"RAC"并按回车键或空格键确定。

方法三：单击绘图工具栏的矩形按钮。

第二步：在命令行提示下输入"C"并按回车键或空格键确定。

第三步：指定矩形的第一个倒角距离。输入第一个倒角的长度，注意第一个倒角距离是对于绘制矩形时第一个指定角点 Y 轴方向的距离。

第四步：指定矩形的第二个倒角距离。输入第二个倒角的长度，注意第二个倒角距离是对于绘制矩形时第一个指定角点 X 轴方向的距离。

之后步骤参见普通矩形的绘制步骤。

3. 绘制圆角矩形

圆角矩形是用圆的四分之一的弧来代替普通矩形角点的矩形。圆角矩形如图 3-17 所示。

圆角矩形的绘制步骤如下。

第一步：选择绘制矩形命令。

方法一：选择"绘图"菜单下的"矩形"命令。

方法二：在命令行中直接输入直线命令"RACTANG"或快捷键"RAC"并按回车键或空格键确定。

第二步：在命令行提示下输入"F"并按回车键或空格键确定。

第三步：指定矩形的圆角半径。输入矩形圆角的半径并按回车键或空格键确定。

之后步骤参见普通矩形的绘制步骤。

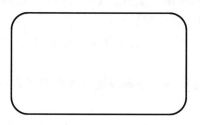

图 3-17　圆角矩形

图 3-18　有宽度矩形

4. 绘制有宽度矩形

有宽度矩形的边有一定的宽度。有宽度矩形如图 3-18 所示。

有宽度矩形绘制步骤如下。

第一步：选择绘制矩形命令。

方法一：选择"绘图"菜单下的"矩形"命令。

方法二：在命令行中直接输入直线命令"RACTANG"或快捷键"RAC"并按回车键或空格键确定。

第二步：在命令行提示下输入"W"并按回车键或空格键确定。

第三步：指定矩形的线宽。根据命令行提示输入矩形的线宽并按回车键或空格键确定。

之后步骤参见普通矩形的绘制步骤。

注意：由于 AutoCAD 2012 具有记忆功能，在绘制非普通矩形后，之后绘制的矩形都延续上一次的设定,如这次设定了圆角,那么下一次绘制也将出现圆角,所以如果想恢复普通矩形的绘制,则需要把响应选项的数值设定为普通矩形的数值。如圆角距离设为 0。

3.5.2 正多边形

正多边形是每条边长相同的多边形,如图 3-19 所示。

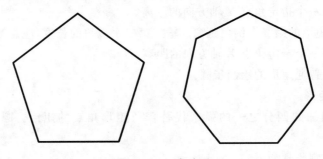

图 3-19 正多边形

第一步:选择绘制矩形命令。

方法一:选择"绘图"菜单下的"多边形"命令。

方法二:在命令行中直接输入直线命令"POLYRON"或快捷键"POL"并按回车键或空格键确定。

方法三:点击绘图工具栏的正多边形按钮。

第二步:输入侧面数,根据命令行提示输入正多边形的边数并按回车键或空格键确定。

第三步:指定正多边形的中心点,根据命令行提示在绘图区中指定正多边形的中心点。

第四步:选择内接于圆"I"或者外接与圆"C"并按回车键或空格键确定。

第五步:指定圆的半径,根据命令行提示直接输入半径或用鼠标直接指定,完成正多边形绘制。

第三步绘制时也可以选择"E"进行绘制,输入"E"并按回车键和空格键确定后指定一条边的两个端点即可完成正多边形的绘制。

3.6 绘制多段线

多段线是由一系列直线段、弧线段相互连接而成的图元。多段线与其他对象不同,它是一个整体并且可以有一定的宽度,该宽度可以是一个常数,也可以沿着多线的长度而变化。

3.6.1 绘制多段线

1. 绘制普通直线段的多段线

第一步:选择多段线命令。

方法一:选择"绘图"菜单下的"多段线"命令。

方法二:在命令行中输入"PLINE"或快捷命令"PL"并按回车键或空格键确定。

第二步:指定多线起点,在绘图区内指定多线的起点。

第三步:指定下一个点。

普通直线段的多段线的绘制如图 3-20 所示。

图 3-20 普通直线段的多段线

重复第三步能得到一条由多段直线组成的多段线。

输入"U"并按回车键或空格键确定,可撤销上一步多段线的绘制。

输入"C"并按回车键或空格键确定,可对多段线进行闭合。

输入"L"并按回车键或空格键确定,可在上一次多段线绘制的方向上继续绘制多段线。

第四步:按回车键或空格键完成多线绘制。

2. 绘制带圆弧段的多段线

带圆弧段的多段线绘制步骤如下。

第一步:选择多段线命令。

方法一:选择"绘图"菜单下的"多段线"命令。

方法二:在命令行中输入"PLINE"或快捷命令"PL"并按回车键或空格键确定。

第二步:指定多线起点,在绘图区内指定多线的起点。

第三步:根据命令行提示输入"A"并按回车键或空格键确定。

第四步:绘制圆弧,其中圆弧的绘制方法与前文中绘制圆弧的方法基本一致,故不赘述。

在圆弧绘制完毕后如果想再进行直线段的绘制,可根据命令行提示输入"L"并按回车键或空格键确定。

需要圆弧闭合时,可输入"CL"并按回车键或空格键确定。

带圆弧段的多段线的绘制如图 3-21 所示。

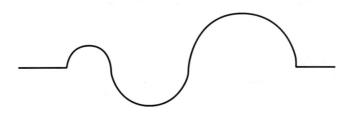

图 3-21 带圆弧段的多段线

3. 绘制有宽度的多段线

以直线段的多段线为例,绘制步骤如下。

第一步:选择多段线命令。

方法一:选择"绘图"菜单下的"多段线"命令。

方法二:在命令行中输入"PLINE"或快捷命令"PL"并按回车键或空格键确定。

第二步:指定多线起点。在绘图区内指定多线的额起点。

第三步:根据命令行提示输入"H"或"W"选择半线宽或整个线宽。

第四步:指定起点半宽或宽度。

第五步：指定端点半宽或宽度。完成半宽或宽度的设定。

第六步：绘制带宽度的多线。

有宽度的多段线的绘制如图 3-22 所示。

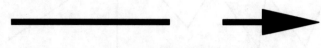

图 3-22　有宽度的多段线

3.6.2　编辑多段线

1. 闭合多段线

闭合多段线可在多段线绘制完成后对多段线进行闭合，闭合后的多段线仍为一个整体。

多段线闭合前后对比如图 3-23 所示。

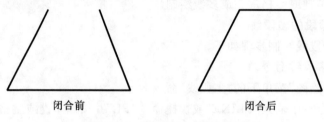

闭合前　　　　　　　　　　　　闭合后

图 3-23　多段线闭合前后对比

第一步：选择多段线编辑命令。

方法一：选择"修改"菜单下"对象"弹出菜单中的"多段线"命令。

方法二：在命令行中输入"PEDIT"或快捷命令"PE"并按回车键或空格键确定。

方法三：直接双击已绘制的多线。

第二步：选择多段线。方法三可省略这一步。

第三步：输入选项，输入"C"并按回车键或空格键确定。

完成多线闭合。

2. 打开多段线

打开多段线可删除多线的闭合线段，多段线打开前后对比如图 3-24 所示。

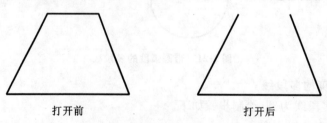

打开前　　　　　　　　　　　　打开后

图 3-24　多段线打开前后对比

第一步：选择多段线编辑命令。

方法一：选择"修改"菜单下"对象"弹出菜单中的"多段线"命令。

方法二：在命令行中输入"PEDIT"或快捷命令"PE"并按回车键或空格键确定。

方法三：直接双击已绘制的多段线。

第二步:选择多段线。方法三可省略这一步。

第三步:输入选项。输入"O"并按回车键或空格键确定。

完成多段线的打开。

3. 合并多段线

合并多段线是将两条多线进行合并,当多段线之间有交点时可直接合并,当多段线之间没有交点时,需要给定模糊距离,如果在模糊距离内可以将两条多线间的端点包括在内的话,则可以将相交的多段线合并。注意进行合并的多段线必须是开放的而不能是封闭的。

第一步:选择多段线编辑命令。

方法一:选择"修改"菜单下"对象"弹出菜单中的"多段线"命令。

方法二:在命令行中输入"PEDIT"或快捷命令"PE"并按回车键或空格键确定。

方法三:直接双击已绘制的其中一条多段线。

第二步:选择其中一条多段线。方法三可省略这一步。

第三步:输入选项,根据命令行提示输入"J"并按回车键或空格键确定。

第四步:选择对象,选择要合并的多段线并按回车键或空格键确定。

第五步:按回车键或空格键或 Esc 键完成多段线合并。

3.7 夹点编辑

通过夹点可以在不使用编辑命令的情况下对对象进行快捷的修改编辑。使用夹点进行编辑的功能有移动、旋转、拉伸、缩放和镜像等。

3.7.1 夹点的定义

当对象被选中后,会在对象的特征位置(如直线的端点、圆的圆心和矩形的角点等)出现蓝色的小方块,这些小方块就成为夹点。夹点有两种状态,当选中对象时,夹点呈蓝色属于编辑状态,即未激活状态。继续点击夹点,夹点呈红色,变成激活状态,处于激活状态的夹点称为热夹点。

不同的对象的夹点数量和位置不一样,为方便读者学习,表 3-1 列出了常见对象夹点的特征。

表 3-1 常见对象夹点的特征表

对象类型	夹 点 特 征	对象类型	夹 点 特 征
直线	两个端点和中点	圆环	以圆环中心为圆心,圆环内外径之和一半为直径的圆的四个象限点和圆心
多线	控制线上两个端点	矩形	四个角点
构造线	第一绘制点和相邻两个点	多边形	多边形的角点
圆	圆心和四个象限点	多段线	直线段两端点、圆弧段中点和两端点
圆弧	两个端点和中点		

3.7.2 移动对象

移动对象是在不改变对象形状的前提下对对象位置的重置。

第一步:选择对象。

第二步:激活夹点。单击夹点。

第三步:在命令行中输入"MO"并按回车键或空格键确定。

第四步:指定移动点。在绘图区中指定要移动到的点。

完成对象移动。

如需要用夹点编辑后仍保留源对象,需根据命令行提示输入"C"并按回车键或空格键确定。本节用夹点对对象进行编辑均可用此方法对源对象进行保留。

3.7.3 旋转对象

旋转对象是在不改变对象形状的前提下对对象进行指定角度旋转的操作。

第一步:选择对象。

第二步:激活夹点。单击夹点。

第三步:在命令行中输入"RO"并按回车键或空格键确定。

第四步:指定旋转角度。在绘图区中指定或直接在命令行输入旋转角度。

完成对象旋转。

3.7.4 拉伸对象

拉伸对象可改变对象的形状。

第一步:选择对象。

第二步:激活夹点。单击夹点。

第三步:指定拉伸点。在绘图区指定拉伸点的位置。

完成对象拉伸。

3.7.5 缩放对象

缩放对象可对对象进行以选中夹点为基点的比例缩放。

第一步:选择对象。

第二步:激活夹点。单击夹点。

第三步:在命令行中输入"SC"并按回车键或空格键确定。

第四步:指定比例因子。在命令行中输入比例因子并按回车键或空格键确定。

完成对象缩放。

3.7.6 镜像对象

镜像命令可对对象以镜像线进行复制。

第一步:选择对象。

第二步:激活夹点。单击夹点。

第三步:在命令行中输入"MI"并按回车键或空格键确定。

第四步:指定第二点。在绘图区中指定镜像线的第二点。

完成镜像对象。

项目 4 编 辑 对 象

【学习要求】

AutoCAD 在编辑对象方面具有较高的效率。本项目的内容主要是介绍编辑对象的命令,如删除、移动、旋转、复制、镜像、偏移、阵列、修剪、延伸、缩放、拉伸、拉长、打断、分解和倒角等。熟练掌握此项目的内容有利于大家提高 AutoCAD 的作图水平和改图效率。

4.1 选择对象

4.1.1 常规选择

图形的选择是 AutoCAD 的基本操作之一,在学习图形编辑前,需要掌握选择对象的相关知识。常用的选择方法有三种:点选、窗口选择和窗交选择。

1. 点选

把鼠标光标移到需要选择的对象上,单击左键,对象被选择,呈虚线状态,这就是点选。点选的特点是一次只能选择一个对象。连续点选对象时,可选定多个对象,如图 4-1 所示。

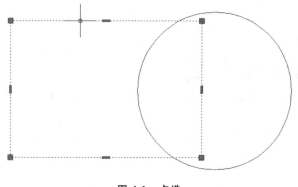

图 4-1　点选

2. 窗口选择

在绘图区中单击左键,然后向右上或右下移动鼠标,绘图区会出现一个选择框,当对象整体被选择框覆盖时单击左键,对象被选择,这就是窗口选择。窗口选择的特点是一次能选择多个对象,但要注意鼠标的移动方向是从左往右移动,此时选择框必须完全覆盖对象整体,对象才能被选择,如图 4-2 所示。

3. 窗交选择

在绘图区中单击左键,然后向左上或左下移动鼠标,绘图区会出现一个选择框,当对象的一部分被选择框覆盖时单击左键,对象被选择,这就是窗交选择。窗交选择的特点也是一次可以选择多个对象,但与窗口选择不同的是,窗交选择鼠标的移动方向是从右往左,是要

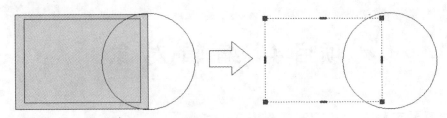

图 4-2　窗口选择

选择框覆盖对象的一部分就可以选择对象,如图 4-3 所示。

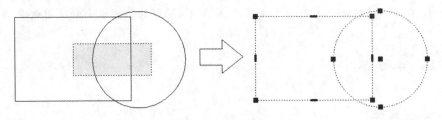

图 4-3　窗交选择

　　进行上述选择后,如果想取消其中一个对象的选择,可以按住 SHIFT 键,用上述选择的方法选择不需要的对象,对象选择即可取消。

4.1.2　快速选择

　　快速选择可应用于图形数量多且复杂的情况。用户可运用快速选择通过指定条件对特定对象进行准确的选择。

　　打开快速选择的方法有以下几种。

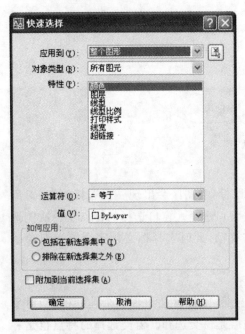

图 4-4　"快速选择"对话框

　　方法一:选择"工具"菜单下的"快速选择"命令。

　　方法二:在命令行输入"QSELECT"并按回车键或空格键确定。

　　方法三:终止所有命令,单击鼠标右键,在快捷菜单中选择"快速选择"命令。

　　弹出"快速选择"对话框,如图 4-4 所示。

　　"快速选择"对话框中各选项说明如下。

　　"应用到"下拉列表:过滤条件的应用范围。下拉列表有"整个图形"与"当前选择"两项,选择"整个图形"时,过滤条件应用到整个绘图区所有的图形。选择"当前选择"时,过滤条件仅应用到已选择的图形。

　　"对象类型"下拉列表:指定过滤对象的类型。下拉列表中显示所有图形和已经绘制的图元名称,选择所有图形可对所有图形进行选择。选择已绘制的图元名称可对相应的图元进行选择。

"特性"显示框:指定过滤对象的特性。列表中列出对象类型所具有的所有特性。

"运算符"下拉列表:控制过滤对象的范围。

"值"下拉列表:指定过滤特性中的取值。

"如何应用"区域:指定对符合过滤条件对象的处理。

"包括在新选择集中"单选项:将符合过滤条件的对象创建成一个新选择集。

"排除在新选择集之外"单选项:将不符合过滤条件的对象创建成一个新选择集。

"附加到当前选择集"复选框:选择复选框后,创建成的新选集将附加到当前选择集中;如不选择复选框,新创建的新选集将替代当前选择集。

4.2　图形的编辑与修改命令

4.2.1　删除

对不需要的对象,可以用删除命令进行删除,如图 4-5 所示。

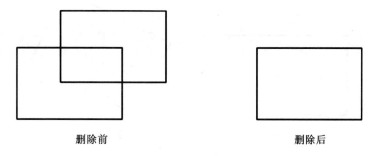

删除前　　　　　　　　　删除后

图 4-5　删除

执行删除命令主要有以下几种方法。

方法一:选择对象,按键盘上的 DELETE 键。

方法二:选择对象,在命令行中输入"ERASE"或快捷命令"E",按回车键或空格键确定。

方法三:选择对象,选择"修改"菜单下的"删除"命令。

方法四:选择对象,单击修改工具栏中的删除按钮。

完成对象删除。

4.2.2　移动

移动是对对象的重新定位,如图 4-6 所示。

对象移动的步骤如下。

第一步:选择要移动的对象。

第二步:选择移动命令。

方法一:选择"修改"菜单下的"移动"命令。

方法二:在命令行中输入"MOVE"或快捷命令"M"并按回车键或空格键确定。

方法三:单击修改工具栏中的移动按钮。

第三步:指定基点。指定移动的基点。

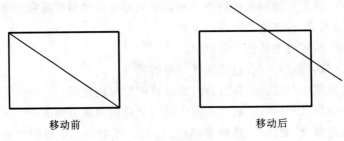

移动前　　　　　　　　　　移动后

图 4-6　移动

第四步:指定第二个点。第二个点为基点移动到的位置,图形跟随基点一起移动。
完成对象移动。

4.2.3　旋转

旋转命令可将对象进行围绕基点的旋转,如图 4-7 所示。

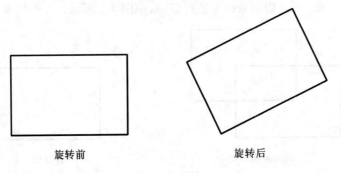

旋转前　　　　　　　　　　旋转后

图 4-7　旋转

对象旋转的步骤如下。

第一步:选择要选旋转的对象。

第二步:选择旋转命令。

方法一:选择"修改"菜单下的"旋转"命令。

方法二:在命令行中输入"ROTATE"或快捷命令"RO"并按回车键或空格键确定。

方法三:单击修改工具栏中的旋转按钮。

第三步:指定基点。指定对象旋转的基点。

第四步:指定旋转角度。输入旋转的角度并按回车键或空格键确定。

输入角度前,如果要求对象进行旋转后保存成一个新的对象,可输入"C"并按回车键或
空格键确定。

完成对象旋转。

4.2.4　复制

复制命令可将对象进行复制,如图 4-8 所示。

对象复制的步骤如下。

第一步:选择要复制的对象。

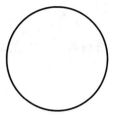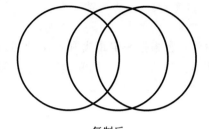

复制前　　　　　　　　　　　　　复制后

图 4-8　复制

第二步:选择复制命令。

方法一:选择"修改"菜单中的"复制"命令。

方法二:在命令行中输入"COPY"或快捷命令"CO"并按回车键或空格键确定。

方法三:单击修改工具栏中的复制按钮。

第三步:指定基点。指定对象复制的基点。

第四步:指定第二个点。指定基点移动到的点。

重复第四步可复制多个对象。按回车键或空格键可完成对象复制。

4.2.5　镜像

镜像命令可将对象以镜像线进行复制,如图 4-9 所示。

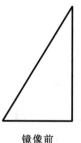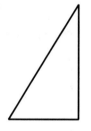

镜像前　　　　　　　　　　　　　镜像后

图 4-9　镜像

对象镜像的步骤如下。

第一步:选择要进行镜像的对象。

第二步:选择镜像命令。

方法一:选择"修改"菜单中的"镜像"命令。

方法二:在命令行中输入"MIRROR"或快捷命令"MI"并按回车键或空格键确定。

方法三:单击修改工具栏中的镜像按钮。

第三步:指定镜像线的第一点。

第四步:指定镜像线的第二点。形成镜像线。

第五步:选择是否删除源对象。输入"Y"表示删除,输入"N"表示不删除。输入后按回车键或空格键确定。

完成镜像命令。

4.2.6 偏移

偏移命令可将对象根据一定距离和指定的通过点进行偏移。对于直线对象,偏移命令对其进行一定距离的偏移。直线、圆和矩形的偏移分别如图 4-10、图 4-11 和图 4-12 所示。

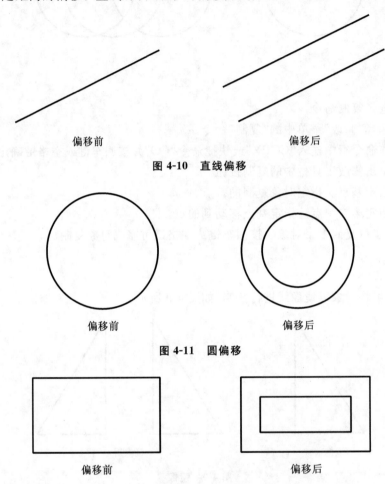

偏移前   偏移后

图 4-10 直线偏移

偏移前   偏移后

图 4-11 圆偏移

偏移前   偏移后

图 4-12 矩形偏移

对象偏移的步骤如下。

第一步:选择要进行偏移的对象。

第二步:选择偏移命令。

方法一:选择"修改"菜单中的"偏移"命令。

方法二:在命令行中输入"OFFSET"并按回车键或空格键确定。

方法三:单击修改工具栏中的偏移按钮。

第三步:指定对象偏移。指定对象偏移有以下两种方法。

(1) 指定偏移距离。

① 在命令行中输入偏移的距离并按回车键或空格键确定。

② 指定要偏移的那一侧上的点,完成对象偏移。重复选择源对象和指定要偏移的那一侧的点可得到多个偏移对象。

（2）指定通过点。

① 在命令行中输入"T"并按回车键或空格键确定。

② 指定通过点。重复选择源对象和指定通过点可得到多个偏移对象。

按回车键或空格键完成结束偏移。

4.2.7 阵列

阵列命令可将对象复制并按照一定的规律排列，形成一组规律的图形阵，如图 4-13
所示。

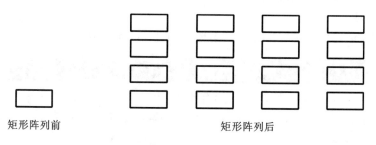

矩形阵列前　　　　　　　　　　矩形阵列后

图 4-13 阵列

1. 矩形阵列

对象阵列的步骤如下。

第一步：选择阵列命令。

方法一：选择"修改"菜单下的"阵列"命令。

方法二：在命令行中输入"ARRAY"或快捷命令"AR"并按回车键或空格键确定。

方法三：单击修改工具栏中的阵列按钮。

弹出"阵列"对话框如图 4-14 所示。

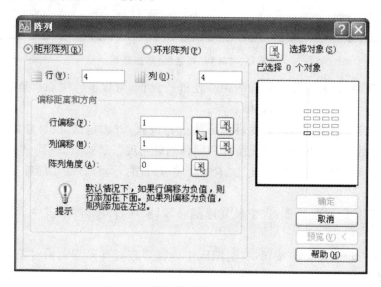

图 4-14 "阵列"对话框(矩形阵列)

"行"文本框：对阵列行数进行设置。

"列"文本框:对阵列列数进行设置。

"行偏移"文本框:对阵列行与行之间的距离进行设置。

"列偏移"文本框:对阵列列与列之间的距离进行设置。

"阵列角度"文本框:对阵列整体角度进行设置。

"选择对象"按钮:单击该按钮,返回绘图区选择需要进行矩形阵列的对象,按回车键或空格键完成选择。

"预览"框:根据上面的设置显示将要绘制的阵列图形。

根据以上内容设置完成后,单击"确定"按钮完成矩形阵列操作。

2. 环形阵列

在"阵列"对话框中点选"环形阵列"单选项,如图 4-15 所示。

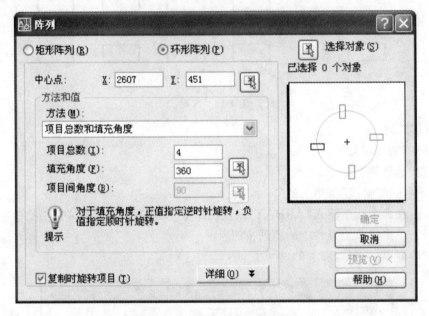

图 4-15　"阵列"对话框(环形阵列)

"中心点"区域:对环形阵列环绕的中心点进行设置,可以输入中心点坐标,也可以单击"拾取中心点"按钮在绘图区中指定中心点。

"方法"下拉列表:对环形阵列的环绕方法进行设置,方法包括"项目总数和填充角度"、"项目总数和项目间的总数"和"填充角度和项目间的角度"三种。选择其中一种,下面的"项目总数"、"填充角度"和"项目间角度"文本框会相应可用。每种方法都能唯一确定一种环形阵列方式。

"复制时旋转项目"复选框:选中该复选框时,对象随着环形阵列发生旋转,不选则不发生旋转。

"选择对象"按钮:单击该按钮,在绘图区中选择要进行环形阵列的对象,按回车键或空格键完成选择。

完成上面的设置后单击"确定"按钮完成环形阵列操作。

4.2.8 缩放

缩放命令可对对象进行大小的缩放,如图 4-16 所示。

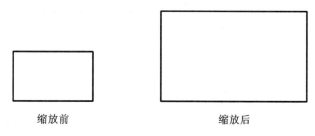

缩放前   缩放后

图 4-16 缩放

对象缩放的步骤如下。

第一步:选择要进行缩放的对象。

第二步:选择缩放命令。

方法一:选择"修改"菜单中的"缩放"命令。

方法二:在命令行中输入"SCALE"或快捷命令"SC"并按回车键或空格键确定。

方法三:单击修改工具栏中的缩放按钮。

第三步:指定基点。指定缩放基点,基点在缩放过程中不发生变化。

第四步:指定比例因子。输入缩放比例,大于 1 时放大,小于 1 时缩小。

如想保留源对象,可在第四步指定比例因子前根据命令行提示输入"C"并按回车键或空格键确定。

完成对象缩放。

4.2.9 拉伸

拉伸命令可对对象进行拉伸。但需要注意的是选择对象的方式与拉伸的效果密切相关,当用点选或选择框完全覆盖对象时,拉伸对象其实就是将对象整体平移。当用窗交选择部分覆盖对象时,拉伸命令对窗交选择的部分产生效果。图 4-17 和图 4-18 分别表示窗交选择不同部位时对象拉伸的效果。

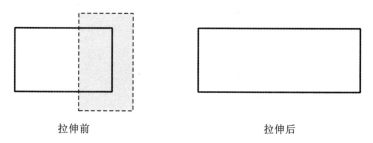

拉伸前   拉伸后

图 4-17 拉伸(1)

对象拉伸的步骤如下。

第一步:窗交选择要进行拉伸的对象的一端。

第二步:选择拉伸命令。

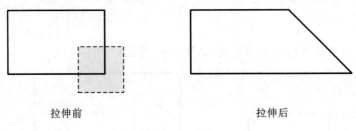

图 4-18 拉伸(2)

方法一:选择"修改"菜单中的"拉伸"命令。

方法二:在命令行中输入"STRETCH"或快捷命令"STR"并按回车键或空格键确定。

方法三:单击修改工具栏中的拉伸按钮。

第三步:指定基点。指定拉伸的基点。

第四步:指定第二个点。指定拉伸的第二个点。

完成对象的拉伸。

4.2.10 拉长

拉长命令可以对直线、圆弧、椭圆弧、开放多段线等对象的长度进行增加。拉长的方法有多种,下面选择两种对其进行说明。如图 4-19 和图 4-20 所示,分别为直线与圆弧拉长后的效果。

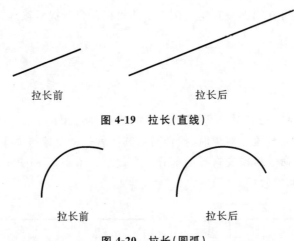

图 4-19 拉长(直线)

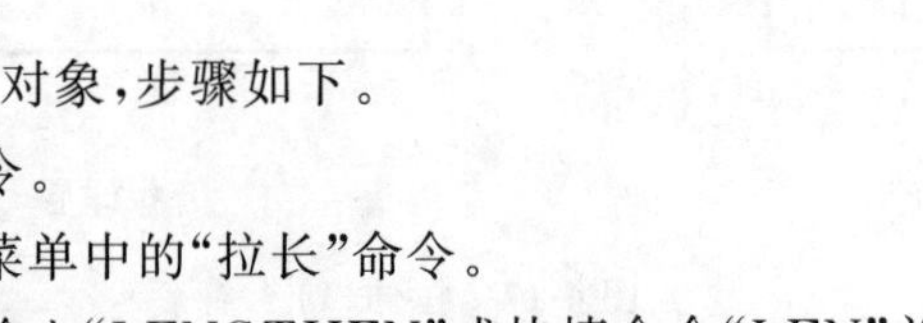

图 4-20 拉长(圆弧)

1. 设置增量

通过设置增量来拉长对象,步骤如下。

第一步:选择拉长命令。

方法一:选择"修改"菜单中的"拉长"命令。

方法二:在命令行中输入"LENGTHEN"或快捷命令"LEN"并按回车键或空格键确定。

第二步:根据命令行提示输入"DE"并按回车键或空格键确定,选择设置增量。

第三步:输入增量,有长度和角度可供选择。

① 长度可适用于所有可拉长的对象,根据命令行提示输入长度增量并按回车键或空格

键确定。

② 角度可适用于弧类对象,根据命令行提示输入"A"并按回车键或空格键确定。在输入角度增量的提示下输入角度增量并按回车键或空格键确定。

第四步:选择要修改的对象。选择对象需要拉长一端。

重复第四步可重复拉长对象。

按回车键或空格键,完成对象的拉长。

2. 设置百分数

通过设置拉长的百分比来拉长对象,步骤如下。

第一步:选择拉长命令。

方法一:选择"修改"菜单中的"拉长"命令。

方法二:在命令行中输入"LENGTHEN"或快捷命令"LEN"并按回车键或空格键确定。

第二步:根据命令行提示输入"P"并按回车键或空格键确定,选择设置增量。

第三步:输入长度百分数。输入拉长后对象长度与源对象长度的百分比比值。

第四步:选择要修改的对象。选择对象需要拉长一端。

重复第四步可重复拉长对象。

按回车键或空格键,完成对象的拉长。

4.2.11 修剪

修剪命令可沿着修剪线对修剪对象进行打断并删除,如图 4-21 所示。

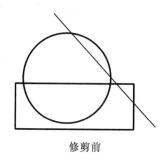

修剪前   修剪后

图 4-21 修剪

对象修剪的步骤如下。

第一步:选择修剪命令。

方法一:选择"修改"菜单中的"修剪"命令。

方法二:在命令行中输入"TRIM"或快捷命令"TR"并按回车键或空格键确定。

方法三:单击修改工具栏中的修剪按钮。

第二步:选择对象,在命令行提示下直接按回车键或空格键确定全部选择。

第三步:在绘图区中指定需要修剪的部分。

重复第三步可对多个对象进行修剪。

按回车键或空格键结束修剪。

4.2.12 延伸

延伸命令可将对象的一端进行延伸,并且使延伸端点落在指定的延伸边界上,如图 4-22 所示。

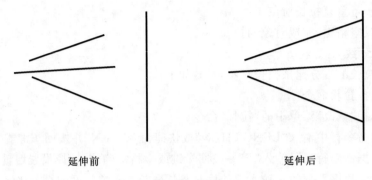

延伸前   延伸后

图 4-22 延伸

对象延伸的步骤如下。

第一步:选择延伸命令。

方法一:选择"修改"菜单中的"延伸"命令。

方法二:在命令行中输入"EXTEND"或快捷命令"EX"并按回车键或空格键确定。

方法三:单击修改工具栏中的延伸按钮。

第二步:选择对象。选择对象延伸到的边界对象并按回车键或空格键确定。

第三步:选择需要延伸对象的一端。

重复第三步可对多个对象进行延伸。

按回车键或空格键结束延伸。

4.2.13 打断

打断命令可对对象进行部分的截断并删除,与修剪不同的是,打断不需要修剪线作为边界,如图 4-23 所示。

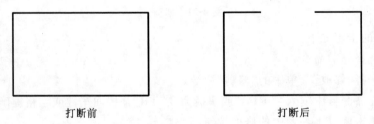

打断前   打断后

图 4-23 打断

对象打断的步骤如下。

第一步:选择打断命令。

方法一:选择"修改"菜单中的"打断"命令。

方法二:在命令行中输入"BREAD"或快捷命令"BR"并按回车键或空格键确定。

方法三:单击修改工具栏中的打断按钮。

第二步:选择对象。点选需要打断的对象并按回车键或空格键确定。注意,点选对象的同时单击对象的点被默认为第一打断点。

第三步:指定第二个打断点。在选择的对象上指定第二个打断点。

完成对象打断。

如果不想把点选对象时的点作为第一打断点,可在选择第二打断点的命令行提示中输入"F"并按回车键或空格键确定。重新指定第一个打断点。然后再进行后面的步骤。

4.2.14 合并

合并命令可将直线、圆弧、椭圆弧和样条曲线等独立的线段合并为一个对象。如图 4-24 所示,合并前三角形的每一条边为一个独体个体,合并后整个三角形成为一个整体。

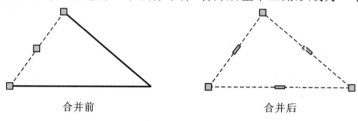

图 4-24 合并

对象合并的步骤如下。

第一步:选择合并命令。

方法一:选择"修改"菜单中的"合并"命令。

方法二:在命令行中输入"JOIN"或快捷命令"J"并按回车键或空格键确定。

方法三:单击修改工具栏中的合并按钮。

第二步:选择源对象。合并后的对象的特性和设置以源对象为准。

第三步:选择要合并的对象,选择需要和源对象合并的对象(可多选)并按回车键或空格键确定。

完成对象合并。

4.2.15 倒角

倒角命令可为对象设置倒角,如图 4-25 所示。

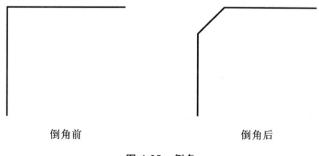

图 4-25 倒角

对象倒角的步骤如下。

第一步:选择倒角命令。

方法一:选择"修改"菜单中的"倒角"命令。

方法二:在命令行中输入"CHAMFER"或快捷命令"CHA"并按回车键或空格键确定。

方法三:单击修改工具栏中的倒角按钮。

第二步:设置倒角距离。根据命令行提示输入"D"并按回车键或空格键确定。

第三步:指定第一个倒角距离。输入第一个倒角距离并按回车键或空格键确定。

第四步:指定第二个倒角距离。输入第二个倒角距离并按回车键或空格键确定。

第五步:选择第一条直线。选择第一条要倒角的直线。

第六步:选择第二条直线。选择第二条要倒角的直线。

完成对象倒角。

说明:在第二步时也可以选择角度作为倒角的依据。

4.2.16 圆角

圆角命令可将两个对象用指定半径的圆弧连接起来,如图 4-26 所示。

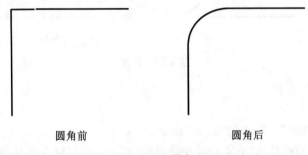

圆角前　　　　　　　　圆角后

图 4-26　圆角

对象圆角的步骤如下。

第一步:选择圆角命令。

方法一:选择"修改"菜单中的"圆角"命令。

方法二:在命令行中输入"FILLET"并按回车键或空格键确定。

方法三:单击修改工具栏中的圆角按钮。

第二步:设置圆角半径。输入"R"并按回车键或空格键确定,在命令行提示下输入圆角半径。

第三步:选择第一个对象。

第四步:选择第二个对象。

完成对象圆角。

4.2.17 光顺曲线

光顺曲线命令可以用一条光滑且两端与对象端点相切的曲线将两个对象连接起来,如图 4-27 所示。

光顺曲线的步骤如下。

第一步:选择光顺曲线命令。

方法一:选择"修改"菜单中的"光顺曲线"命令。

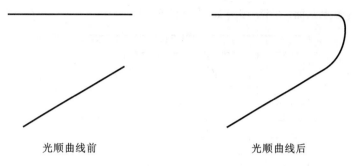

光顺曲线前 光顺曲线后

图 4-27 光顺曲线

方法二:在命令行中输入"BLEND"并按回车键或空格键确定。

方法三:单击修改工具栏中的光顺曲线按钮。

第二步:选择第一个对象。

第三步:选择第二个对象。

完成光顺曲线操作。

4.2.18 分解

分解命令可以将复杂的对象分解成单一的对象。可以分解的对象有多段线,矩形等。如图 4-28 所示,分解前矩形为一个整体,分解后矩形的每一条边为一个独立个体。

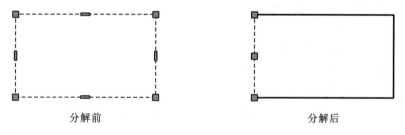

分解前 分解后

图 4-28 分解

对象分解的步骤如下。

第一步:选择要分解的对象。

第二步:选择分解命令。

方法一:选择"修改"菜单中的"分解"命令。

方法二:在命令行中输入"EXPLODE"或快捷命令"X"并按回车键或空格键确定。

方法三:单击修改工具栏中的分解按钮。

完成对象分解。

4.3 图案填充与面域绘制

4.3.1 图案填充

在绘图过程中往往要对图形内部进行填充来表示不同的意义,如剖面图需要在剖面处填充斜线表示该面为剖面。图案填充如图 4-29 所示。

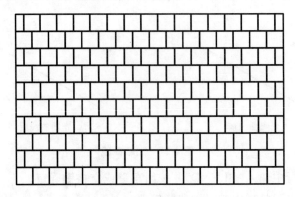

图 4-29　图案填充

下面对图案填充进行说明。

第一步:选择图案填充命令。打开"图案填充和渐变色"对话框。

方法一:选择"绘图"菜单下的"图案填充"命令。

方法二:在命令行中输入"HATCH"并按回车键或空格键确定。

下面介绍"图案填充和渐变色"对话框中"图案填充"选项卡下各个选项的用法(见图 4-30)。

"类型和图案"区域:在此区域内可对填充图案和类型进行设置。

"类型"下拉列表:该下拉列表包含预定义、用户定义和自定义三个选项。选择预定义可以使用系统内部预先定义好的图案填充;选择用户定义可以使用一组平行直线组成的图案填充;选择自定义可以使用用户预先创建的图案进行填充。

"图案"下拉列表:在下拉列表中选择需要的图案进行填充。也可以单击旁边的 […] 按钮进入"填充图案选项板"对话框进行图案填充,该选项板较为直观,方便用户的选择。

"颜色"下拉列表:左边的列表可以设置图案线条的颜色,右边的列表可以设置图案背景的颜色。

"样例"预览框:可对选中的图案进行效果预览。

"自定义图案"下拉列表:此下拉列表在类型为"自定义"时可用,其他类型时呈灰色不可用状态,在此列表中可选择用户自定义的图案进行填充。

"角度和比例"区域:可对图案线条的角度和比例进行设置。

"角度"下拉列表:可在列表中选择或直接在文本框中输入需要的角度。

"比例"下拉列表:可在列表中选择或直接在文本框中输入需要的比例。比例大于 1 即放大填充图案,比例小于 1 即缩小填充图案。

"双向"复选框:在"用户定义"类型下可选,如选中该选项,则可以使用两组相互垂直的平行线填充图形,否则为一组平行线。

"间距"文本框:在"用户定义"类型下可用,用于设置图案平行线之间的距离。

"ISO 笔宽"下拉列表:当填充图案选择 ISO 图案时可用,用于设置笔的宽度。

"图案填充原点"区域:用于图案填充原点设置。

"使用当前原点"单选项:使用当前原点作为图案填充原点。

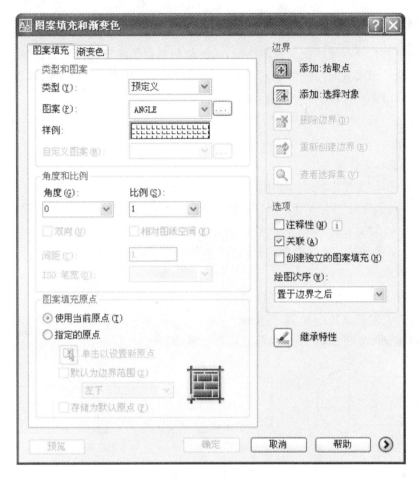

图 4-30 "图案填充和渐变色"对话框的图案填充选项卡

"指定的原点"单选项:使用指定的原点作为图案填充原点。

"单击以设置新原点"按钮:单击该按钮,可在绘图区选择一点作为图案填充原点。

"默认为边界范围"复选框:可设置原点位置,有左下、右下、右上、左上和正中五种类型。

"存储为默认原点"复选框:将新图案填充原点设置为默认的原点。

"边界"区域:对填充边界进行设置。

"添加:拾取点"按钮:单击该按钮,拾取封闭区域的一点,整个封闭区域被选取。可添加多个封闭区域。

"添加:选择对象"按钮:单击该按钮,选择多个对象。多个对象必须形成的封闭区域才能进行图案填充。

"删除边界"按钮:单击该按钮,可对之前添加的对象进行删除。

"重新创建边界"按钮:单击该按钮,可为查出边界的填充图案重新创建填充边界。

"查看选择集"按钮:单击该按钮,可查看已经选择的对象。

"选项"区域:用于设置填充对象的相对位置和边界的显示效果。

"继承特性"按钮:单击该按钮可选择已填充的图案,并根据该图案对要填充的区域进行填充,填充设置与被继承的图案一样。

4.3.2 面域绘制

面域是一种包含封闭线框的封闭区域,它不仅包括封闭线框所围住的区域,还包括封闭线框本身。从外形来看它与封闭线对象没有不同,但操作时是对其整个区域进行的。创建的面域可以进行布尔运算,包括并集、交集和差集。

4.3.2.1 面域绘制

面域绘制的步骤如下。

第一步:选择面域命令。

方法一:选择"绘图"菜单中的"面域"命令。

方法二:在命令行中输入"REGION"或快捷命令"REG"并按回车键或空格键确定。

方法三:单击绘图工具栏中的面域按钮。

第二步:选择对象。选择单条或多条封闭线对象并按回车键或空格键确定。

完成面域绘制。

4.3.2.2 面域的布尔运算

布尔运算是对面域进行并集、交集或差集的运算。运算的结果被保留下来,其他不在结果中的面域被删除。图 4-31 所示为面域运算前后的对比。

运算前　　　　运算后并集　　　运算后交集　　　运算后差集

图 4-31　面域的布尔运算

面域的布尔运算步骤如下。

第一步:选择布尔运算的类型(并集、交集或差集)。

方法一:选择"修改"菜单中"实体编辑"弹出菜单下的"并集"、"交集"或"差集"命令。

方法二:在命令行中输入"UNION"(并集)、"INTERSECT"(交集)或"SUBTRACT"(差集)并按回车键或空格键确定。

第二步:选择对象。选择两个或两个以上面域并按回车键或空格键确定。

完成布尔运算。

4.4 对象特性

4.4.1 特性选项板

特性选项板可用于修改对象的特性,步骤如下。

第一步:选择要修改特性的对象。

第二步:打开"特性"选项板(见图 4-32)。

方法一:选择"修改"菜单下的"特性"命令。

方法二:按快捷键 CTRL+1。

方法三:选择"工具"菜单中"选项板"下的"特性"命令。

如选择多个对象,特性选项板会显示多个对象的相同特性,可在特性选项卡中的相关项对对象进行修改。

4.4.2 特性匹配

特性匹配是一个实用、方便的工具,它可以把源对象的所有特性全部赋予目标对象。

特性匹配的步骤如下。

第一步:选择特性匹配命令。

方法一:选择"修改"菜单下的"特性匹配"命令。

方法二:在命令行中输入"MATCHPROP"或快捷命令"MA"并按回车键或空格键确定。

第二步:选择源对象。选择要赋予其他对象特性的对象。

图 4-32 "特性"选项板

第三步:选择目标对象。选择要赋予特性的对象。

第三步中还可以输入"S"并按回车键或空格键确定,弹出"特性设置"对话框对赋予的特性进行选择。

完成特性匹配。特性匹配前后对比如图 4-33 所示。

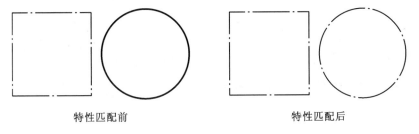

特性匹配前　　　　　　　　　　　特性匹配后

图 4-33 特性匹配

项目 5　图层与图块

【学习要求】

图层工具和块的使用能为作图带来很大方便,在绘制建筑施工图时,图层用来对每一类对象进行分类,块也被大量使用。本项目分别对图层设置、图层操作、块的创建和使用块进行了说明,要求同学们认真学习并熟练掌握。

5.1　图层设置

5.1.1　图层的概念

图层是 AutoCAD 中对图形进行管理的一个工具。用户把图形绘制在不同的图层上,所有的图层重叠在一起,形成最终的图形。用户可以方便地利用图层对图形进行分类、编辑,如建筑用图中,构造线、墙线、标注等图元分别绘制在不同的图层上,如果需要单独修改标注的颜色,只对标注图层的颜色进行修改就可以实现所有标注颜色的设置。

5.1.2　创建图层

当用户创建一个新图时,系统会自动创建一个名称为"0"的图层,用户默认在这个图层上绘制图形,如果用户需要在新的图层上绘制图形,则需要先创建新图层。

创建新图层的方法是先选择"格式"菜单下的图层命令或在命令行中输入"LAYER"并按回车键或空格键确定,弹出"图层特性管理器"对话框,如图 5-1 所示。

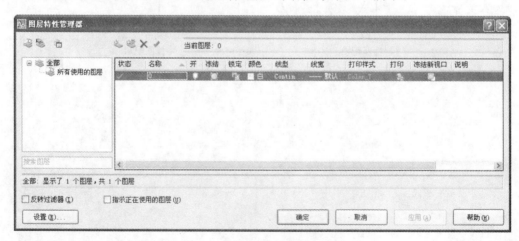

图 5-1　"图层特性管理器"对话框

单击新建图层按钮,在图层列表中就创建了一个名为"图层 1"的新图层,用户可对其名称进行修改,新建图层的状态、颜色、线型和线宽等设置与当前图层相同。若想删除图层,可选择要删除的图层,点击删除图层按钮 ✕ 。

若想在某一图层绘制图形,首先要把该图层设置为当前图层。

方法一:在"图层特性管理器"对话框中选中要设置为当前图层的图层,点击 ✔ 按钮。

方法二:在"图层特性管理器"对话框中双击要设置为当前图层的图层。

方法三:在图层工具栏的图层下拉列表中单击要设置为当前图层的图层,如图 5-2 所示。

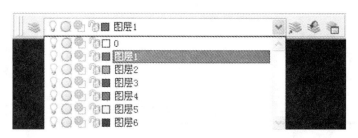

图 5-2 图层下拉列表

5.1.3 图层颜色设置

图层内的图形对象的颜色随着图层颜色的改变而整体改变。

在"图层特性管理器"对话框中选择要改变的颜色,弹出"选择颜色"对话框,如图 5-3 所示。

图 5-3 "选择颜色"对话框

可在对话框中选择需要的颜色作为图层的颜色。

5.1.4 图层线型设置

改变图层的线型,单击线型下面的线型名称,弹出"选择线型"对话框,如图 5-4 所示。

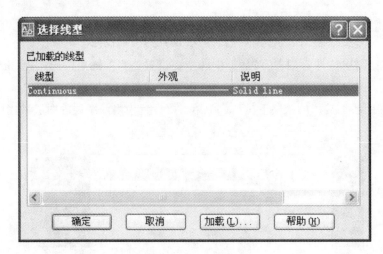

图 5-4 "选择线型"对话框

当列表中没有可选择的线型时可单击"加载"按钮,弹出如图 5-5 所示的"加载或重载线型"对话框。

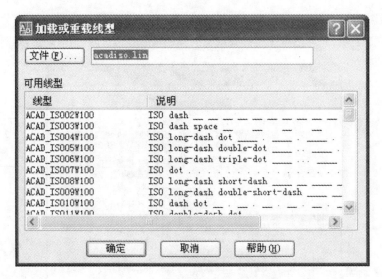

图 5-5 "加载或重载线型"对话框

在对话框中选择需要的线型后单击"确定"按钮即可完成线型设置。

5.1.5 图层线型比例设置

对于非连续的线型(如点划线、虚线等),由于其受图形尺寸的影响较大,所以需要通过设置线型比例来改变非连续线型的外观。

可以用线型管理器来对线型比例进行设置,方法是选择格式菜单下的线型命令,弹出如图 5-6 所示的"线型管理器"对话框。

"线型管理器"对话框中的区域和按键功能说明如下。

"线型过滤器"下拉列表:控制在线型列表中显示哪些线型,下拉列表中包括"显示所有线型"、"显示所有使用的线型"和"显示所有依赖于外部参照的线型",若选中"反向过滤器"

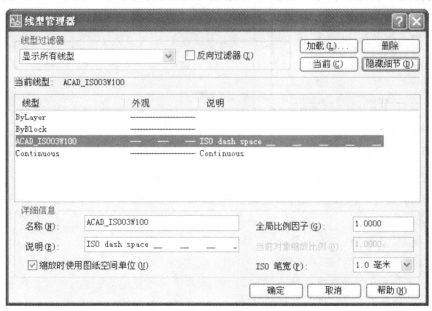

图 5-6　"线型管理器"对话框

复选框,线型列表则显示不符合过滤器规则的线型。

　　"加载"按钮:单击该按钮,弹出"加载或重载线型"对话框,可用于加载线型。

　　"删除"按钮:选择线型列表中要删除的线型并单击该按钮,可删除该线型。

　　"当前"按钮:可将选中线型设置为当前线型。

　　"显示细节"按钮:在线型列表中选择需要修改的线型,单击"显示细节"按钮,显示"详细信息"区域如图 5-7 所示,此时该按钮变成"隐藏细节"按钮,单击此按钮可重新隐藏细节

图 5-7　显示细节的"线型管理器"对话框

区域。

下面主要对"全局比例因子"文本框和"当前对象缩放比例"文本框进行说明。

"全局比例因子"文本框：在该文本框中输入数值，对对象的线型比例进行设置，比例因子越大，线型被拉得越长，如图 5-8 所示。

線型比例为1.0   線型比例为2.0

图 5-8　全局比例因子效果

"当前对象缩放比例"文本框：对新建对象的线型比例进行设置。新建对象最终的比例为全局比例因子的值与当前对象缩放比例的值的乘积。

5.1.6　图层线宽设置

线宽就是线型的宽度，用户可在图层特性管理器对话框线宽列中单击"默认"，弹出图5-9所示的"线宽"对话框。在该对话框中直接选择需要的线宽并单击"确定"按钮完成线宽设置。

也可以选择"格式"菜单下的"线宽"命令，弹出图 5-10 所示的"线宽设置"对话框。

图 5-9　"线宽"对话框

图 5-10　"线宽设置"对话框

"线宽"列表：显示可供选择的线型宽度。

"毫米"和"英寸"单选项：单击该选项，可使线宽单位在线宽列表中以毫米或英寸作为单位进行切换。

"显示线宽"复选框：选中该复选框，系统按照实际线宽来显示图形。在绘图时也可以通过单击状态栏中的"线宽"按钮来打开或关闭线宽显示。

"默认"下拉列表：设定默认线宽的值，即选择不显示线宽时，线宽的显示宽度值。

"调整显示比例"区域：移动显示比例滑块，可调节设置的线宽在屏幕上的显示比例。

5.1.7　图层状态设置

在"图层特性管理器"对话框(见图 5-11)中可对图层状态进行设置,图层状态包括打开与关闭、冻结与解冻、锁定与解锁、是否打印等,下面对这几种状态的设置进行说明。

图 5-11　"图层特性管理器"对话框

1. 图层打开与关闭

图层打开后,可在绘图区中显示该图层内的所有图形,也可以对该图层内的所有图形进行打印。如果图层处于关闭状态,则图层内所有图形都不显示,而且不能对其进行打印。单击"图层特性管理器"对话框中相应图层名称旁边的灯泡按钮 可实现图层的打开或关闭,灯泡按钮呈黄色代表图层处于打开状态,按钮呈灰色代表图层处于关闭状态。

2. 图层冻结与解冻

图层冻结后,图层上的图形对象不能被显示或打印输出,也不能被编辑。解冻后,图层上的图形对象可以被显示和打印输出,同时也能被编辑和修改。单击"图层特性管理器"对话框中相应图层名称旁边的 按钮或 按钮可实现图层的冻结或解冻。

3. 图层锁定与解锁

图层被锁定后图层上的图形对象不能被编辑,但能够显示,还能够在图层上绘制新图形。单击"图层特性管理器"对话框中相应图层名称旁边的 按钮或 按钮可实现图层的锁定或解锁。

4. 图层的打印状态

图层在打印状态下,图层内的图形可以被打印,相反则不能被打印。单击"图层特性管理器"对话框中相应图层名称旁边的 按钮或 按钮可实现图层的打印状态和非打印状态的切换。

5.2 图层操作

用户可以通过图层工具对图层进行常规性的操作。图层工具位于格式菜单下,如图 5-12所示。

图 5-12 "图层工具"内容

5.1 节已经介绍了图层的打开与关闭、冻结与解冻、锁定与解锁、打印与否的设置。这一节介绍上述设置以外的操作。

5.2.1 将对象的图层设置为当前图层

利用该命令可将选定对象的所在图层设置为当前图层。

选择将对象的图层设置为当前命令有三种方法。

方法一:选择"格式"菜单下"图层工具"中的"将对象的图层设置为当前"命令。

方法二:在"常用"选项卡的"图层"面板中单击"将对象的图层设置为当前"按钮 。

方法三:在命令行中输入"LAYMCUR"并按回车键或空格键结束。

5.2.2 上一个图层

上一个图层命令用于放弃对图层设置所做的更改,并返回到上一个图层状态。

选择上一个图层命令有三种方法。

方法一:选择"格式"菜单下"图层工具"中的"上一个图层"命令。

方法二:在"常用"选项卡的"图层"面板中单击"上一个图层"按钮 。

方法三:在命令行中输入"LAYERP"并按回车键或空格键结束。

5.2.3　层漫游

层漫游命令用于显示选定图层上的对象,并隐藏其他图层上的所有对象。

选择层漫游命令有两种方法。

方法一:选择"格式"菜单下"图层工具"中的"层漫游"命令。

方法二:在命令行中输入"LAYWALK"并按回车键或空格键结束。

"层漫游"对话框如图 5-13 所示。通过该对话框,可在图层列表中选择图层来显示或隐藏图层中的对象。

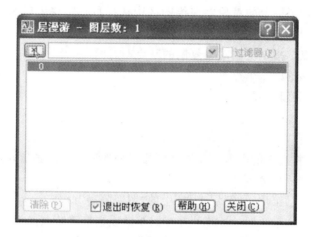

图 5-13　"层漫游"对话框

5.2.4　图层匹配

图层匹配命令用于把源图层的设置完全应用于目标图层,步骤如下。

第一步:选择图层匹配命令。

方法一:选择"格式"菜单下"图层工具"中的"图层匹配"命令。

方法二:在命令行中输入"LAYMCH"并按回车键或空格键结束。

第二步:选择要更改的对象。在绘图区中选择要更改的对象并按回车键或空格键确定。

第三步:选择目标图层上的对象。该对象的图层为目标图层,即第二步中选中的对象所在的图层。

完成图层匹配。

5.2.5　更改为当前图层

更改为当前图层命令可将选中的图形对象更改到当前图层中,步骤如下。

第一步:选择更改为当前图层命令。

方法一:选择"格式"菜单下"图层工具"中的"更改为当前图层"命令。

方法二:在命令行中输入"LAYCUR"并按回车键或空格键结束。

第二步:选择要更改到当前图层的对象。在绘图区中选择要更改的对象并按回车键或空格键确定。

完成更改为当前图层。

5.2.6 将对象复制到新图层

将对象复制到新图层命令可以把对象进行复制,并将复制的对象更改到新的图层中,步骤如下。

第一步:选择将对象复制到新图层命令。

方法一:选择"格式"菜单下"图层工具"中的"将对象复制到新图层"命令。

方法二:在命令行中输入"COPYTOLAYER"并按回车键或空格键结束。

第二步:选择要复制的对象。在绘图区中选择要复制的对象并按回车键或空格键确定。

第三步:选择目标图层上的对象。在绘图区中选择目标图层上的某一个对象按回车键或空格键确定。

第四步:指定基点。指定复制对象复制的基点。

第五步:指定位移的第二个点。

完成将对象复制到新图层。

5.2.5 图层隔离

图层隔离命令可将选中的图形对象所在图层以外的所有图层锁定,步骤如下。

第一步:选择图层隔离命令。

方法一:选择"格式"菜单下"图层工具"中的"图层隔离"命令。

方法二:在命令行中输入"LAYISO"并按回车键或空格键结束。

第二步:选择要隔离的图层上的对象。在绘图区中选择要隔离的图层上的对象并按回车键或空格键确定。

完成图层隔离。

5.2.6 取消图层隔离

取消图层隔离命令可将图层隔离命令锁定的所有图层恢复使用。

选择取消图层隔离命令有两种方法。

方法一:选择"格式"菜单下"图层工具"中的"取消图层隔离"命令。

方法二:在命令行中输入"LAYUNISO"并按回车键或空格键结束。

完成取消图层隔离。

5.2.7 图层合并

图层合并命令可将某一图层中的所有图形更改到另一图层中,并删除图形原来所在的图层,步骤如下。

第一步:选择图层合并命令。

方法一:选择"格式"菜单下"图层工具"中的"图层合并"命令。

方法二:在命令行中输入"LAYMRG"并按回车键或空格键结束。

第二步:选择要合并的图层上的对象,合并后该图层将被删除。

第三步:选择目标图层上的对象。选择对象并按回车键或空格键确定。

第四步：选择是否继续，输入"Y"并按回车键或空格键确定。

完成图层合并。

5.3　块的创建

块是由几个图形对象组成的整体，在 AutoCAD 中被视为一个单独的对象。

块的创建方法如下。

选择创建命令。

方法一：选择"绘图"菜单下"块"中的"创建"命令。

方法二：在命令行中输入"BLOCK"或快捷命令"B"并按回车键或空格键确定。

"块定义"对话框如图 5-14 所示。

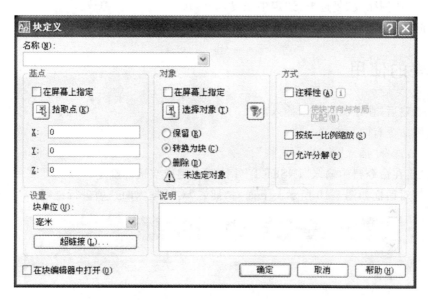

图 5-14　"块定义"对话框

"名称"文本框：可输入块的名称。

"基点"区域。

"在屏幕上指定"复选框：选择该复选框，可在其他定义都完成后，最后在屏幕上指定基点。

"拾取点"按钮：单击该按钮，可立即在绘图区中指定基点位置。

"X"、"Y"和"Z"文本框：用于确定基点的坐标。

"设置"区域。

"块单位"下拉列表：用于指定块参照插入单位。

"超链接"按钮：单击该按钮，弹出"插入超链接"对话框，可将某个超链接与块定义相关联。

"在块编辑器中打开"复选框：选中该复选框，单击"块定义"对话框的确定按钮后，会进入块编辑器编辑新创建的块定义。

"对象"区域。

"在屏幕上指定"复选框:选择该复选框,可在其他定义都完成后,最后在屏幕上指定组成块的对象。

"选择对象"按钮:单击该按钮,进入绘图区选择要组成块的对象并按回车键或空格键确定。

"保留"单选项:选择该单选项,在块定义完成后继续保留组成块的对象。

"转换成块"单选项:选择该单选项,在块定义完成后删除组成块的对象。

"删除"单选项:选择该单选项,在块定义完成后删除块和组成块的对象。

"方式"区域。

"注释性"复选框:选中该复选框,"使块方向与布局匹配"选项变得可选,使创建后的块具有注释性。

"按统一比例缩放"复选框:选定中该复选框,块按统一比例缩放。

"允许分解"复选框:选中该复选框,块将不能用分解命令分解。

5.4 块的使用

块被创建后,在绘图时可以插入需要的块。

插入块命令有两种方法。

方法一:选择"插入"菜单下的"块"命令。

方法二:在命令行中输入"INSERT"并按回车键或空格键确定。

"插入"对话框如图 5-15 所示。下面对"插入"对话框内的选项进行说明。

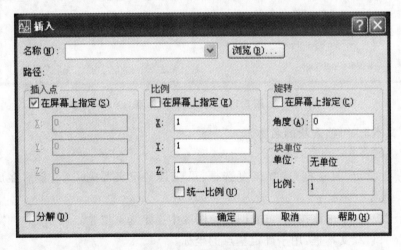

图 5-15 "插入"对话框

"名称"文本框:可在下拉列表中选择已经创建好的块,也可以输入已经创建的块的名称。

"浏览"按钮:单击该按钮,弹出"选择图像文件"对话框,选择保存在硬盘中的块或图形文件。

"路径"区域。

　　"插入点"选项：指定插入点。可选择"在屏幕上指定"也可以输入坐标指定。

　　"比例"选项：指定插入块的缩放比例。

　　"旋转"选项：指定插入块时旋转的角度。在"角度"文本框中输入块旋转的角度或在屏幕上指定。

　　"块单位"选项：指定块的单位和单位比例。

项目6　尺寸与文字

【学习要求】

尺寸和文字是建筑施工图中常见的图元,要绘制建筑施工图,必须熟练掌握尺寸标注和文字绘制的方法,本项目分别对尺寸样式的设置、尺寸标注的方法、文字样式的设置和文字创建的方法进行了说明,要求大家认真学习并熟练掌握。

6.1　尺寸样式的设置

尺寸标注可以用于标明图元的大小、图元间的相对位置,还可以为图元添加公差符号和注释等。尺寸标注的类型有线性标注、角度标注、半径标注、直径标注和坐标标注等。

如图 6-1 所示,标注由以下几部分组成。

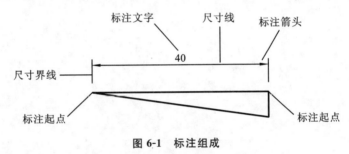

图6-1　标注组成

标注文字:用于表明图形大小的数值或对图元进行注释。

尺寸线:标注尺寸线简称尺寸线,一般由一条直线加两端箭头组成。

标注箭头:表明标注的开始和结束,箭头的形式可在尺寸样式设置中设置。

尺寸界线:表明标注范围的直线。

标注起点:尺寸界线或尺寸界线延长线与标注图元的交点,表明标注对象的起始点。

对对象进行标注前要先打开"标注样式管理器"对话框,对标注样式进行设置。

打开标注样式管理器的方法如下。

方法一:选择"格式"菜单下的"标注样式"命令。

方法二:在命令行中输入"DIMSTYLE"并按回车键或空格键确定。

打开的"标注样式管理器"对话框如图 6-2 所示。

下面对"标注样式管理器"对话框中的区域和按钮功能进行说明。

"样式"区域:根据"列出"下拉列表的要求显示所有样式或正在使用的样式。

"列出"下拉列表:选择样式区域中显示的样式类型,可选择所有样式或正在使用的样式。

"预览"区域:根据样式区域中被选中的标注样式的设定,在预览区域中把标注的示例显示出来。

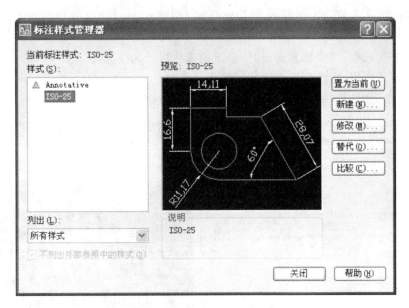

图 6-2 "标注样式管理器"对话框

"置为当前"按钮:把选中的标注样式设置为当前使用样式。

"新建"按钮:新建一个标注样式。

"修改"按钮:对已经存在的标注样式进行修改。

"替代"按钮:创建当前标注样式的替代样式。

"比较"按钮:比较两个不同的标注样式。

6.1.1 新建标注样式

下面介绍如何新建标注样式。

第一步:打开标注样式管理器。按照上面的步骤打开标注样式管理器。

第二步:单击新建按钮。弹出"创建新标注样式"对话框,如图 6-3 所示。下面对"创建新标注样式"对话框进行说明。

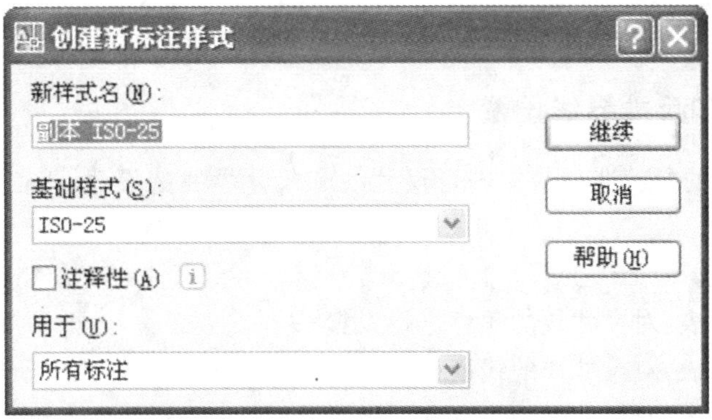

图 6-3 "创建新标注样式"对话框

"新样式名"文本框:可输入新标注样式的名称。

"基础样式"下拉列表:选择一个基础样式,创建的新标注样式将以此作为基础进行修改。

"注释性"复选框:选中该复选框时,创建的标注样式为注释性标注。

"用于"下拉列表:指定新标注样式所使用的范围。

第三步:单击"继续"按钮弹出"新建标注样式"对话框,如图 6-4 所示。

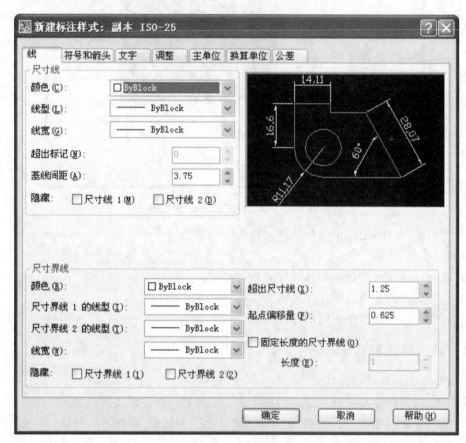

图 6-4 "新建标注样式"对话框

新建标注样式必须对新建标注样式中的相关选项卡的相关内容进行修改。

6.1.2 尺寸线和尺寸界线设置

可以在图 6-4 的"线"选项卡中进行尺寸线和尺寸界线的设置,下面对其区域和下拉列表等进行说明。

"尺寸线"区域。

"颜色"下拉列表:对尺寸线的颜色进行设置。

"线型"下拉列表:对尺寸线的线型进行设置。

"线宽"下拉列表:对尺寸线的线宽进行设置。

"超出标记"文本框:当尺寸线的箭头采用倾斜、建筑标记、小点、积分或无标记等样式时,该文本框处于可编辑状态,可设置尺寸线超出尺寸界线的距离。图 6-5 为超出标记的设置示例。

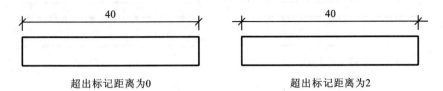

图 6-5 超出标记效果

"基线间距"文本框:创建极限标注时,此文本框可设定尺寸线之间的距离。

"隐藏"复选框:对第一段或第二段尺寸线和箭头进行隐藏,图 6-6 为隐藏效果。

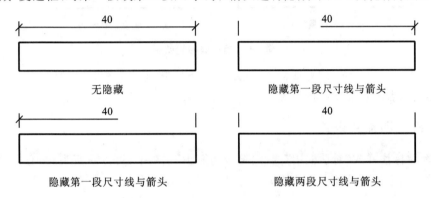

图 6-6 隐藏尺寸线与箭头效果

"尺寸界线"区域。

"颜色"下拉列表:对尺寸界线的颜色进行设置。

"尺寸界线 1 的线型"下拉列表:对尺寸界线 1 的线型进行设置。

"尺寸界线 2 的线型"下拉列表:对尺寸界线 2 的线型进行设置。

"线宽"下拉列表:对尺寸界线的线宽进行设置。

"隐藏"复选框:对第一段或第二段尺寸界线进行隐藏,图 6-7 为隐藏效果。

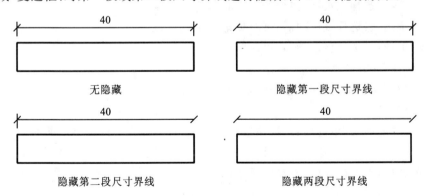

图 6-7 隐藏尺寸界线效果

"超出尺寸线"文本框:对尺寸界线超出尺寸线的距离进行设置,图 6-8 为设置效果。

"起点偏移量"文本框:对尺寸界线起点与标注起点的距离进行设置,图 6-9 为设置效果。

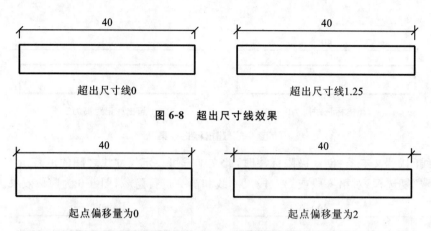

图 6-8　超出尺寸线效果

起点偏移量为0　　　　　　　　　　起点偏移量为2

图 6-9　起点偏移量效果

　　"固定长度的尺寸界线"复选框:勾选后可在下面"长度"文本框中对尺寸界线从尺寸线开始到标注原点的总长度进行设置。

6.1.3　符号和箭头设置

　　在"新建标注样式"对话框中,选择"符号和箭头"选项卡,可以对箭头、圆心标记、折断标注、弧长符号、半径折弯标注、线型折弯标注进行设置。下面对"符号和箭头"选项卡进行说明。

　　"箭头"区域。

　　"第一个"下拉列表:对第一个箭头的形状进行设置。

　　"第二个"下拉列表:对第二个箭头的形状进行设置。

　　"引线"下拉列表:对引线的箭头形状进行设置。

　　"箭头大小"文本框:对箭头大小进行设置。

　　"圆心标记"区域。

　　"无"单选项:选择该选项,执行标记圆心命令时不作任何标记。

　　"标记"单选项:选择该选项后,可对标记大小进行设置。

　　"直线"单选项:选择该选项后,可对圆或圆弧绘制中心线。

　　"折断标注"区域。

　　"折断大小"文本框:在文本框中输入折断大小的数值。

　　"弧长符号"区域。

　　"标注文字的前缀"单选项:选择该选项,将弧长符号放在标注文字的前面。

　　"标注文字的上方"单选项:选择该选项,将弧长符号放在标注文字的上方。

　　"无"单选项:选择该选项,不显示弧长符号。

　　"半径折弯标注"区域。

　　"折弯角度"文本框:对折弯角度进行设置。

　　"线型折弯标注"区域:对折弯高度进行设置。

　　"折弯高度因子"文本框:对折弯高度的比例因子进行设置。

6.1.4 文字设置

在"新建标注样式"对话框中,选择"文字"选项卡,可对文字外观、文字位置及文字对齐方式进行设置。下面对"文字"选项卡进行说明。

"文字外观"区域。

"文字样式"下拉列表:对文字样式进行设置。

"文字颜色"下拉列表:对文字颜色进行设置。

"填充颜色"下拉列表:对文字背景的颜色进行设置。

"文字高度"文本框:对文字高度进行设置。

"分数高度比例"文本框:对标注文字中的文字相对于其他标注文字的比例进行设置。

"绘制文字边框"复选框:对是否给标注文字加边框进行设置。

"文字位置"区域。

"垂直"下拉列表:对文字垂直方向的位置进行设置。

"水平"下拉列表:对文字水平方向的位置进行设置。

"从尺寸线偏移"文本框:对文字偏移尺寸线的距离进行设置。

"文字对齐"区域。

"水平"单选项:选择该选项,对标注文字进行水平放置。

"与尺寸线对齐"单选项:选择该选项,使标注文字与尺寸线平行。

"ISO 标准"单选项:选择该选项,使标注文字按照 ISO 标准放置,即标注文字在尺寸线内时,按与尺寸线对齐方式放置;当标注文字在尺寸线外时,将标注文字水平放置。

6.1.5 调整设置

在"新建标注样式"对话框中,选择"调整"选项卡,可对调整选项、文字位置、标注特征比例、优化进行设置。下面对"调整"选项卡进行说明。

"调整选项"区域:如果尺寸界线之间没有足够的空间来放置文字和箭头,可在调整选项区域中进行设置。

"文字或箭头(最佳效果)"单选项:按照系统最佳效果自动把文字或箭头移到尺寸界线外。

"箭头"单选项:把箭头移到尺寸界线外。

"文字"单选项:把文字和箭头一起移到尺寸界线外。

"文字始终保持在尺寸界线之间"单选项:保持文字不移到尺寸界线外。

"若箭头不能放在尺寸界线内,则将其消除"复选框:若箭头不能放在尺寸界线内,则将其消除。

"文字位置"区域:文字不在默认位置上时,可在文字位置区域中进行相关设置。

"尺寸线旁边"单选项:把文字放置在尺寸线旁边。

"尺寸线上方,带引线"单选项:把文字放置在尺寸线上方并用引线引出。

"尺寸线上方,不带引线"单选项:把文字放置在尺寸线上方,不用引线引出。

"标注特征比例"区域。

"将标注缩放到布局"单选项:根据当前模型空间视区和图纸空间之间的比例绘制比例

因子。

"使用全局比例"单选项:对尺寸元素的比例因子进行设置,使之与当前图形的比例因子一致。

"优化"区域。

"手动放置文字"复选框:可手动放置文字。

"在尺寸界线之间绘制尺寸线"复选框:选择该选项,即使尺寸箭头放置在尺寸界线之外,依然在尺寸界线之内绘制尺寸线。

6.1.6　主单位设置

在"新建标注样式"对话框中,选择"主单位"选项卡,可对主单位的线性标注、测量单位比例、消零、角度标注进行设置。下面对"主单位"选项卡进行说明。

"线性标注"区域。

"单位格式"下拉列表:对线性标注的尺寸单位格式进行设置。

"精度"下拉列表:对线性标注的尺寸的小数位数进行设置。

"分数格式"下拉列表:对线性标注的分数格式进行设置。

"小数分隔符"下拉列表:对小数分隔符进行设置。

"舍入"文本框:对线型尺寸测量值的四舍五入规则进行设置。

"前缀"文本框:对标注文字的前缀进行设置。

"后缀"文本框:对标注文字的后缀进行设置。

"测量单位比例"区域。

"比例因子"文本框:对标注尺寸的比例因子进行设置。标注尺寸的值为测量值与比例因子之积。

"仅应用到布局标注"复选框:选择该选项,仅对不举例创建的标注应用比例因子。

"消零"区域。

"前导"复选框:选择该选项,标注尺寸时不显示前导的零,如"0.80"只显示".80"。

"后续"复选框:选择该选项,标注尺寸时不显示后续的零,如"0.80"只显示"0.8"。

"角度标注"区域。

"单位格式"下拉列表:对标注尺寸的单位格式进行设置。

"精度"下拉列表:对标注尺寸的精度进行设置。

前导和后续消零的用法和线性标注一样。

6.1.7　换算单位设置

在"新建标注样式"对话框中,选择"换算单位"选项卡,可对换算单位、消零、位置进行设置。下面对"换算单位"选项卡进行说明。

"显示换算单位"复选框:选择该选项,在标注时会在主单位后加"[]"并在[]内显示换算单位。

"换算单位倍数"文本框:对换算单位倍数进行设置,换算单位数值为主单位数值与换算单位倍数之积。

"位置"区域:对换算单位的位置进行设置。

"主值后"单选项:选择该选项,换算单位放置在主值后面。

"主值下"单选项:选择该选项,换算单位放置在主值下面。

其他选项与主单位大致相同,不再赘述。

6.1.8 公差设置

在"新建标注样式"对话框中,选择"公差"选项卡,可对公差的格式、位置等进行设置。下面对"公差"选项卡进行说明。

"公差格式"区域。

"方式"下拉列表:对公差的表示方式进行设置。公差设置包括无、对称、极限偏差、极限尺寸和基本尺寸等,如图 6-10 所示。

图 6-10 公差显示方式

"精度"下拉列表:对公差的精度进行设置。

"上偏差"文本框:对上偏差的值进行设置。

"下偏差"文本框:对下偏差的值进行设置。

"高度比例"文本框:对公差的高度比例进行设置。公差的高度为主标注文字高度与高度比例值之积。

"垂直位置"下拉列表:对公差的位置进行设置,包括上、中、下三种位置,如图 6-11 所示。

$$40^{\pm1} \qquad 40^{\pm1} \qquad 40_{\pm1}$$

上　　　　　　　　中　　　　　　　　下

图 6-11 垂直位置效果

"公差对齐"区域。

"对齐小数分隔符"单选项:选择该选项,公差以小数分隔符为基点对齐。

"对齐运算符"单选项:选择该选项,公差以运算符为基点对齐。

其他设置选项与前面的内容大致相同,不再赘述。

6.2 尺寸标注的方法

6.2.1 线性标注

线性标注可对对象进行线性距离或长度的标注,如图 6-12 所示,步骤如下。

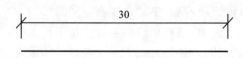

图 6-12　线性标注

第一步：选择"标注"菜单下的"线性"命令。

第二步：指定第一条尺寸界线的原点。打开捕捉模式，准确指定第一条尺寸界线的原点。

第三步：指定第二条尺寸界线的原点。在绘图区中指定第二条尺寸界线原点。

第四步：按情况需要进行操作。

情况一：无特殊情况，直接指定尺寸线位置。

情况二：需要在标注处输入多行文字。

① 输入"M"并按回车键或空格键确定。

② 输入文字并单击"确定"按钮结束文字输入。

③ 指定尺寸线位置。

情况三：需要在标注处输入单行文字。

① 输入"T"并按回车键或空格键确定。

② 输入文字并按回车键结束文字输入。

③ 指定尺寸线位置。

情况四：需要使标注文字旋转一定角度。

① 输入"A"并按回车键或空格键确定。

② 指定标注文字的角度，输入标注文字的角度值并按回车键或空格键确定。

③ 指定尺寸线位置。

情况五：需要进行水平方向的标注。

① 输入"H"并按回车键或空格键确定。

② 指定尺寸线位置。

情况六：需要进行垂直方向的标注。

① 输入"V"并按回车键或空格键确定。

② 指定尺寸线位置。

情况七：需要进行一定角度的标注。

① 输入"R"并按回车键或空格键确定。

② 指定尺寸线位置。

完成线性标注。

6.2.2　对齐标注

对齐标注是标注尺寸线与两尺寸边界原点的连线平行的标注方式，如图 6-13 所示，步骤如下。

第一步：选择"标注"菜单下的"对齐"命令。

第二步：指定第一条尺寸界线原点。在绘图区中指定第一条尺寸界线的原点。

第三步：指定第二条尺寸界线原点。在绘图区中指定第二条尺寸界线的原点。

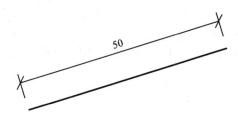

图 6-13 对齐标注

第四步:指定尺寸线位置。

完成对齐标注。

6.2.3 弧长标注

弧长标注用于标注弧对象的长度,如图 6-14 所示。为了区分弧长标注和线型标注,弧长标注在标注文字前加上一个圆弧符号,步骤如下。

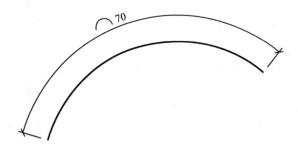

图 6-14 弧长标注

第一步:选择"标注"菜单下的"弧长"命令。

第二步:选择弧线段或多段线弧线段。在绘图区中选择要进行弧长标注的弧对象。

第三步:指定弧长标注位置。在绘图区中指定弧长标注位置。

完成弧长标注。

6.2.4 坐标标注

坐标标注可以表明位置点相对于当前坐标系原点的坐标值,如图 6-15 所示,步骤如下。

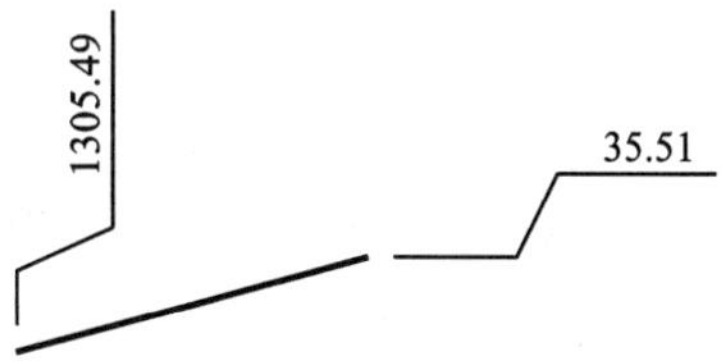

第一步:选择"标注"菜单下的"坐标"命令。

第二步:指定点坐标。在绘图区中指定一点。

第三步:指定引线端点。在绘图区中指定引线位置。

注意:当左右移动鼠标时,得到的是该点 Y 轴方向的

1305.49

35.51

图 6-15 坐标标注

坐标;上下移动时则得到 X 轴方向的坐标。此时也可以根据命令行提示输入"X"或"Y"测量相应坐标轴的坐标。

完成坐标标注。

6.2.5　半径标注

半径标注用于标注圆弧或圆的半径尺寸,如图 6-16 所示,步骤如下。

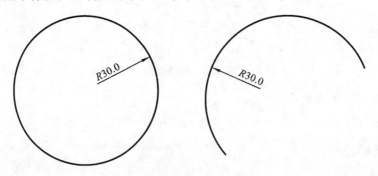

图 6-16　半径标注

第一步:选择"标注"菜单下的"半径"命令。

第二步:选择圆弧或圆。在绘图中选择要进行半径标注的圆弧或圆。

第三步:指定尺寸线位置。

完成半径标注。

6.2.6　折弯标注

折弯标注用于当圆弧或圆的中心位于布局之外并且无法在其实际位置显示的情况下,如图 6-17 所示,步骤如下。

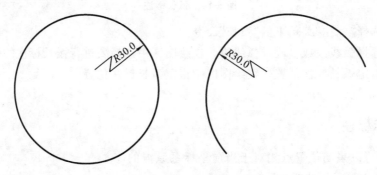

图 6-17　折弯标注

第一步:选择"标注"菜单下的"折弯"命令。

第二步:选择圆弧或圆。在绘图中选择要进行折弯标注的圆弧或圆。

第三步:指定图示中心位置。指定一个代替圆心位置的点。

第四步:指定尺寸线位置。

第五步:指定折弯位置。

完成折弯标注。

6.2.7　直径标注

直径标注用于标注圆弧或圆的直径尺寸,如图 6-18 所示,步骤如下。

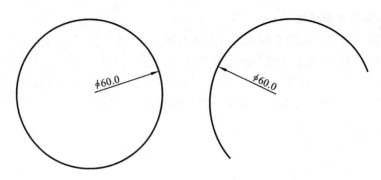

图 6-18 直径标注

第一步:选择"标注"菜单下的"直径"命令。

第二步:选择圆弧或圆。在绘图中选择要进行直径标注的圆弧或圆。

第三步:指定尺寸线位置。

完成直径标注。

6.2.8 角度标注

角度标注用于对两条不平行直线之间的角度、圆弧的包容角度、部分圆周的角度和三个点(一个顶点和两个端点)的角度进行标注。

1. 两条不平行直线的角度标注

两条不平行直线的角度标注如图 6-19 所示,步骤如下。

第一步:选择"标注"菜单下的"角度"命令。

第二步:选择圆弧、圆、直线,根据命令行提示选择第一条直线。

第三步:选择第二条直线。

第四步:指定标注弧线位置。

完成两条不平行直线的角度标注。

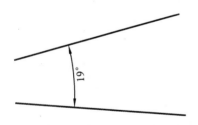

图 6-19 两条不平行直线的角度标注

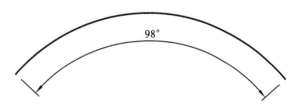

图 6-20 圆弧的角度标注

2. 圆弧的角度标注

圆弧的角度标注如图 6-20 所示,步骤如下。

第一步:选择"标注"菜单下的"角度"命令。

第二步:选择圆弧、圆、直线,根据命令行提示选择圆弧。

第三步:指定标注弧线位置。

完成圆弧的角度标注。

3．部分圆周的角度标注

部分圆周的角度标注如图 6-21 所示，步骤如下。

第一步：选择"标注"菜单下的"角度"命令。

第二步：选择圆弧、圆、直线，根据命令行提示选择圆。选择点作为圆周的第一个点。

第三步：指定角的第二个端点。在圆上指定角的第二个端点。

第四步：指定标注弧线位置。

完成部分圆周的角度标注。

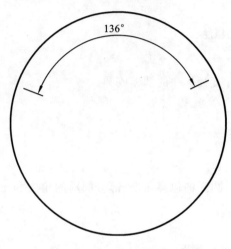

图 6-21　部分圆周的角度标注

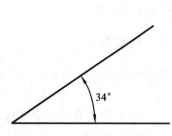

图 6-22　三点的角度标注

4．三点的角度标注

三点的角度标注如图 6-22 所示，步骤如下。

第一步：选择"标注"菜单下的"角度"命令。

第二步：选择圆弧、圆、直线，根据命令行提示直接按回车键或空格键确定。

第三步：指定角的第一个端点。

第四步：指定角的第二个端点。

第五步：指定标注弧线位置。

完成三点的角度标注。

6.2.9　基线标注

基线标注是以某一个尺寸标注的第一条标注界线为基线，创建另一个标注的标注方式，如图 6-23 所示。尺寸线之间的距离可通过 6.1.2 中尺寸线和尺寸界线设置中的基线间距进行设置，步骤如下。

第一步：选择"标注"菜单下的"基线"命令。

第二步：选择基准标注。选择一个已经完成标注作为基准标注。

第三步：指定第二条尺寸界线原点。

重复第三步可绘制多个基线标注。

第四步：按回车键结束基线标注。

完成基线标注。

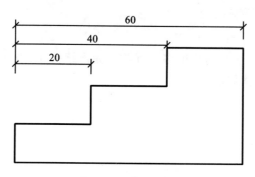

图 6-23 基线标注

6.2.10 连续标注

连续标注是以上一个标注的第二条尺寸界线作为下个标注的第一条尺寸界线连续进行标注的标注方式。连续标注方式下绘制的标注尺寸线在同一直线上,如图 6-24 所示,步骤如下。

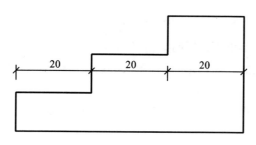

图 6-24 连续标注

第一步:选择"标注"菜单下的"连续"命令。

第二步:指定第二条尺寸界线原点。

重复第二步可绘制多个连续标注。

第四步:按回车键结束连续标注。

完成连续标注。

6.2.11 倾斜标注

倾斜标注的特点在于可修改尺寸界线与尺寸线的角度,形成倾斜标注,如图 6-25 所示,步骤如下。

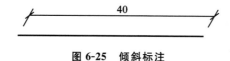

图 6-25 倾斜标注

第一步:选择"标注"菜单下的"连续"命令。

第二步:选择对象。选择要进行倾斜的标注并按回车键或空格键确定。

第三步:输入倾斜角度。根据命令行提示输入倾斜角度并按回车键或空格键确定。

完成倾斜标注。

6.2.12　快速标注

快速标注可快速创建多个对象的多种标注。如连续标注、坐标标注、半径标注、直径标注等,如图 6-26 所示,步骤如下。

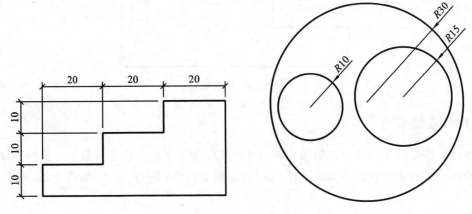

图 6-26　快速标注

第一步:选择"标注"菜单下的"快速标注"命令。

第二步:选择要标注的几何图形,在绘图区中选择要标注的几何图形并按回车键或空格键确定。

第三步:根据命令行提示选择需要的选项,输入选项后面的字母并按回车键或空格键确定。

"C"连续:创建连续标注。

"S"并列:创建并列的线型尺寸标注。

"B"基线:由一个基点上的尺寸界线创建一系列的尺寸标注。

"O"坐标:创建一系列点的坐标。

"R"半径:创建所有选定圆的半径标注。

"D"直径:创建所有选定圆的直径标注。

"P"基准点:为基线与坐标标注设置新的基准点。

"E"编辑:通过添加或清除尺寸标注点编辑一系列尺寸标注。

"T"设置:设置关联标注,优先级是"端点"或"交点"。

按照命令行提示完成快速标注。

6.3　文字样式的设置

在 AutoCAD 中,文字是一种特殊的图形对象,用户可以使用文字来进行说明、解释等。如绘制施工总说明图时就需要使用大量的文字。

在创建文字前,需要对文字样式进行设置。打开"文字样式"对话框的方法有以下两种。

方法一:选择"格式"菜单下的"文字样式"命令。

方法二:在命令行中输入"STYLE"或快捷命令"ST"并按回车键或空格键确定。

"文字样式"对话框如图 6-27 所示。下面对"文字样式"对话框内的选项进行说明。

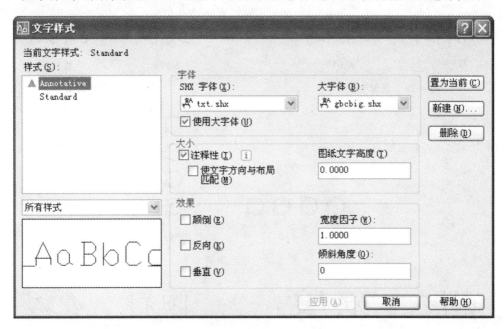

图 6-27 "文字样式"对话框

"样式"列表：显示目前已创建的全部文字样式。

"样式"下拉列表：可以指定在样式列表中显示哪些文字样式，包括"所有样式"和"正在使用的样式"。

预览框：对选中的文字样式的效果进行预览。

"字体"区域：不勾选"使用大字体"复选框会出现"字体名"和"字体样式"下拉列表。

"字体名"下拉列表：在该列表中可以选择需要的字体，包括 AutoCAD 编译字体和 TrueType 字体。TrueType 字体包括中文字体。

"字体样式"下拉列表：当字体为 TrueType 字体时，"字体样式"列表可用，可对字体选择倾斜或加粗等效果。

"使用大字体"复选框：选中该复选框，指定使用大字体。"字体名"变成"SHX 字体"，"字体样式"变成"大字体"。

"SHX 字体"下拉列表：可在该列表中选择所有加载到系统中的 AutoCAD 编译字体。

"大字体"下拉列表：对大字体进行选择。

"大小"区域。

"注释性"复选框：选中该复选框，使文字具有注释性。

"图纸文字高度"文本框：对文字高度进行设置。

"效果"区域。

"颠倒"复选框：选择该复选框，文字产生颠倒效果。效果如图 6-28 所示。

"反向"复选框：选择该复选框，文字产生反向效果。效果如图 6-29 所示。

"垂直"复选框：选择该复选框，文字产生垂直效果。效果如图 6-30 所示。

"宽度因子"文本框：对文字字符的高度和宽度之比进行设置。效果如图 6-31 所示。

"倾斜角度"文本框:对文字字符的倾斜角度进行设置。效果如图 6-32 所示。

颠倒前   颠倒后   反向前   反向后

图 6-28 颠倒效果   **图 6-29 反向效果**

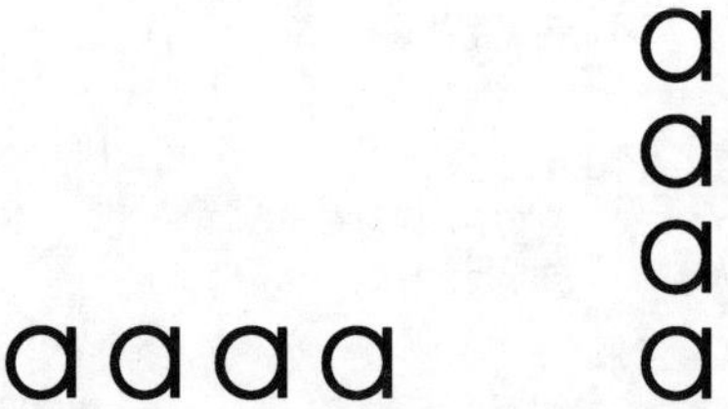

垂直前   垂直后

图 6-30 垂直效果

宽度比例因子为1   宽度比例因子为2   倾斜前   倾斜后

图 6-31 宽度比例效果   **图 6-32 倾斜效果**

6.4 文字创建的方法

6.4.1 创建单行文字

创建单行文字的步骤如下。

第一步:选择单行文字命令。

方法一:选择"绘图"菜单下"文字"中的"单行文字"命令。

方法二:在命令行中输入"TEXT"并按回车键或空格键确定。

第二步:指定文字的起点。在绘图区中指定文字的起点。

第三步:指定文字的高度。输入文字高度并按回车键或空格键确定。

第四步:指定文字的旋转角度。输入文字的旋转角度并按回车键或空格键确定。

第五步:输入文字。

第六步:按两次回车键完成文字输入。

在进行到第二步的时候,可以对文字的对正方式及样式进行选择。

根据命令行提示输入"J"并按回车键或空格键确定。对正方式有"对齐"、"调整"、"中心"、"中间"、"右"、"左上"、"中上"、"右上"、"左中"、"正中"、"右中"、"左下"、"中"、"下"和"右下"等选项。用户可根据需要对以上选项进行选择。

"样式(S)"选项可对文字样式进行选择。根据命令行提示输入"S"并按回车键或空格键确定,然后输入样式名确定即可完成样式的选择。

6.4.2 创建多行文字

多行文字是指在指定文字边界内创建一行或多行文字或是若干段落,而且多行文字被视为一个整体。创建多行文字的步骤如下。

第一步:选择多行文字命令。

方法一:选择"绘图"菜单下"文字"中的"多行文字"命令。

方法二:在命令行中输入"MTEXT"或快捷命令"MT"并按回车键或空格键确定。

第二步:指定第一角点。在绘图区中指定文字边界的第一个角点。

第三步:指定对角点。在绘图区中指定文字边界的对角点。弹出"文字格式"对话框和文本输入框,如图 6-33 和图 6-34 所示。

图 6-33 "文字格式"对话框

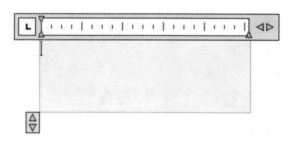

图 6-34 文本输入框

"文字格式"对话框可对输入的文字进行格式设置。文本输入框用于文本输入,其上的小三角形用于改变文本框的大小。

第四步:在文本框内输入文字。

第五步:单击"文字格式"对话框中的确定按钮完成多行文字创建。

项目 7   样板文件的创建

【学习要求】

每次绘制新图形时,若从缺省状态设置文件,需要设置很多参数,如图形界限、多线样式、文字样式、标注样式等,但对一个专业或一项工程来说,很多绘图参数基本相同,如果一次设置多种,保存为可以调用的文件,能减少重复性操作。把每次绘图都要进行的各种重复工作以样板文件的形式保存起来,下次绘图时,可直接使用这些样板文件的内容,这样既可提高绘图效率,同时也保证了各种图形文件使用标准的一致性。

7.1   样板文件的创建与使用

1. 创建样板文件

图形样板文件的扩展名为".dwt",可以通过以下两种方式创建。

(1) 现有图形创建图形样板文件。

打开一个扩展名为".dwg"的 AutoCAD 系统的普通图形文件,将不需要存为图形样板文件中的图形内容删除,然后将文件另存。另存时,"文件类型"选择"图形样板",即扩展名为".dwt"。

(2) 创建一个包括原始默认值的新图形。

打开一个新图形文件(使用公制默认设置),根据需要做必要的设置及添加图形内容,然后将文件保存,保存的"文件类型"选择"图形样板"即扩展名为".dwt",如图 7-1 所示,在文件名输入"a2008",然后单击保存按钮,即可完成一个名称为"a2008"样板文件的创建。

图 7-1   样板文件的创建

2. 样板文件的使用

新建图形文件时,单击"文件"下拉菜单中的"打开"命令,弹出如图 7-2 所示的"选择文件"对话框,找到所需要使用的样板文件并选中,单击"打开"按钮,就可以调用之前创建的样板文件(a2008.dwt)并打开。

图 7-2　样板文件的调用

然后单击"文件"菜单中的"另存为"命令,弹出如图 7-3 所示"图形另存为"对话框,选择一个合适的路径,并赋予文件名,将文件类型选择为"AutoCAD 2007 图形 ＊.dwg"并保存,即可以完成一个以".dwg"为后缀名的 CAD 图形文件的创建。该 CAD 图形文件包含所使用样板文件中设置的各项参数及预设的模块。

图 7-3　完成图形文件的创建

7.2 创建一个绘制 A2 建筑施工图的样板文件

样板文件的内容通常包括图形界限、图形单位、图层、线型、线宽、文字样式、标注样式、表格样式和布局等设置及绘制图框和标题栏。

1. 设置选项菜单

选择"工具"菜单下的"选项"命令,或者在命令行中输入"OP"并按回车键确定,在弹出的对话框中,可以根据个人的作图习惯,对"十字光标大小""拾取框大小""自动保存间隔时间""自动捕捉标记大小"等进行设置。例如,如果将"用户系统配置"中的"自定义右键单击"的设置修改为在执行命令时单击鼠标右键表示"确认",往往在作图时能有效地提高作图效率。

2. 设置图形界限

在绘图之前需要明确绘图区域,以免出现所绘制的图形不能在屏幕显示或出现显示过大、过小等问题。确定绘图范围的步骤如下。

(1) 确定绘图范围大小。

一般来说,确定绘图范围大小可以采用标准图纸的比例。因为绘图的最终目的是要输出到标准图纸上使用。因此在整体布局的时候,应考虑标准图纸的比例,这样在输出的时候,才能够做到布局合理。例如,要画一幅 A2 图纸,图幅尺寸是 59400×42000,那么就按照这个图幅来选择图形界限,作图时在图形界限范围内合理布局。

(2) 设置图形界限。

选择"格式"菜单下的"图形界限",或者在命令行中输入"LIMITS"命令,输入"ON"并回车(确认图形界限打开),如图 7-4 所示。然后,按回车键,指定"左下角点"时直接回车取默认的坐标值(0,0)(当然也可以直接输入绝对坐标值),指定"右上角点"时输入相对坐标值(@59400,42000),回车即可完成图形界限的确定。

图 7-4　图形界限设置

(3) 缩放屏幕,在屏幕中显示全部区域。

选择"视图"菜单下"缩放"中的"全部"命令或通过在命令行中输入"zoom",再键入"A",可以在屏幕上显示全部图形界限的内容。如果屏幕上有图形超出了设置图形界限,则图形界限及图形都会显示在屏幕上。

3. 定义图层

选择"格式"菜单下的"图层"命令,或者在命令行中输入"LA",按照创建图层的方法,在样板文件中创建一些建筑平面图中的常用图层,例如,轴线、墙体、门、窗、文字、尺寸、辅助线等,如图 7-5 所示。

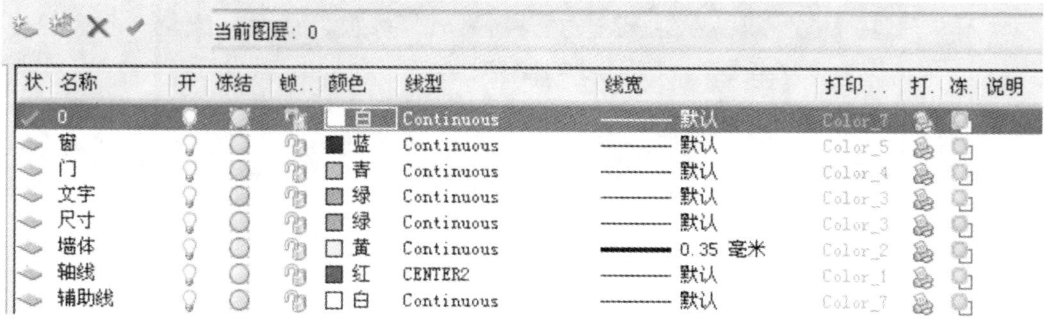

图 7-5　样板文件中预设的图层

其中,轴线图层,线型应该设置为点划线的线型,center2;墙体图层,线宽应该设置为粗实线,线宽至少选择为 0.35 毫米;门、窗、文字、尺寸、辅助线图层,可以采用默认线型、线宽绘制。

在颜色的设置中,墙体、尺寸等重要图线,建议尽量选择比较亮的颜色,如黄色、白色、浅绿色,方便作图。图层 0 应该保留,方便进行块的操作,图层 0 上创建的块,在转换图层时,可以随图层改变属性。

4. 设置字体样式

按照制图标准,常用的字体样式有四种,即用于文字标注的仿宋字体、用于注写图名的黑体字、用于尺寸标注的单线数字、双线数字或字母。在样板文件中文字样式可以设置以下四种字体(见表 7-1),其中,样式名可根据个人习惯设置。

表 7-1　常用字体样式

样式名	字体样式	宽度因子
仿宋	仿宋_GB2312(XP 系统) 仿宋(win7 系统)	0.7
黑体	黑体	1.0
单线数字	Txt 或 simplex	1.0
双线数字	romand	1.0

以上字体样式的"高度"属性,统一按默认设置为 0,以便用于各种高度文字的注写。

5. 设置标注样式

按照制图标准,建筑制图的标注样式可设置如下,如图 7-6 所示。

"线"选项卡:基线距离为 10,超出尺寸线 2,起点偏移量 3(见图 7-6(a))。

"符号和箭头"选项卡:箭头采用建筑标记,箭头大小为 2.5(见图 7-6(b))。

"文字"选项卡:文字样式采用单线数字,文字高度设置为 3,文字位置从尺寸线偏移设置为 1(见图 7-6(c))。

"调整"选项卡:全局比例设置为 100(见图 7-6(d))。

"主单位"选项卡:主单位精度设置为 0(见图 7-6(e))。

完成设置后,单击确定按钮并置为当前。

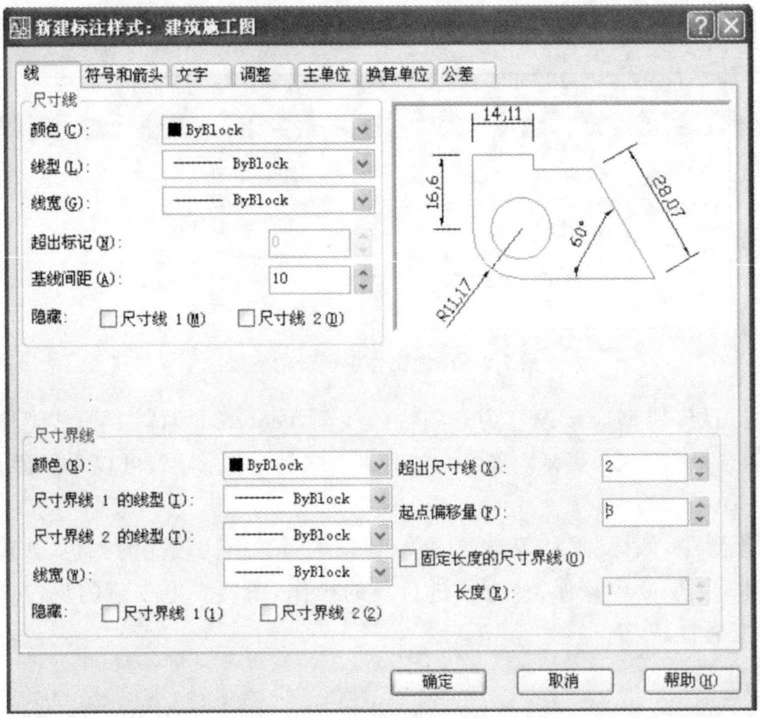

(a)

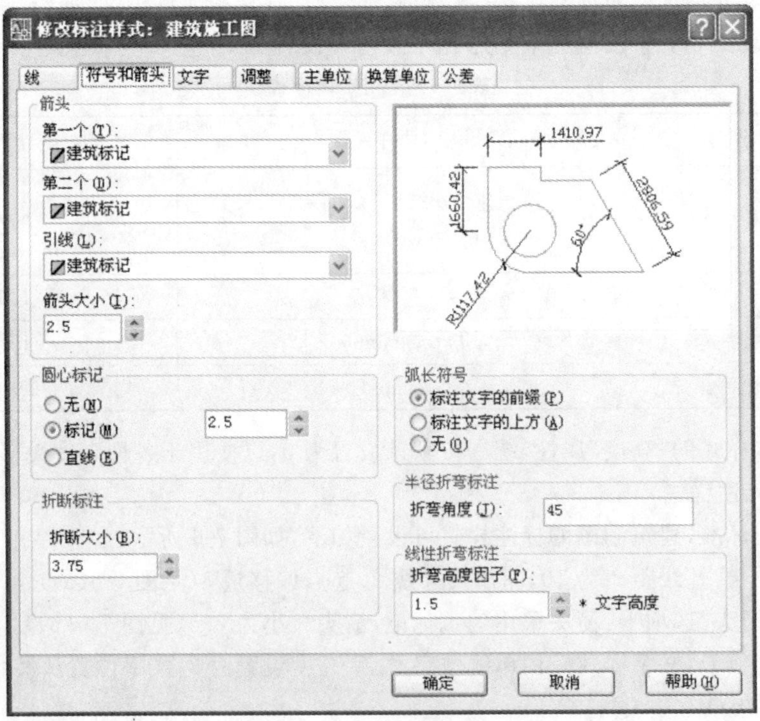

(b)

图 7-6 样板文件中预设的标注样式

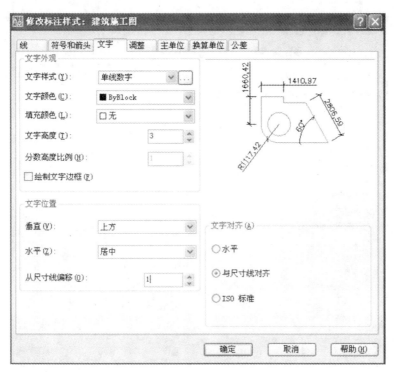

(c)

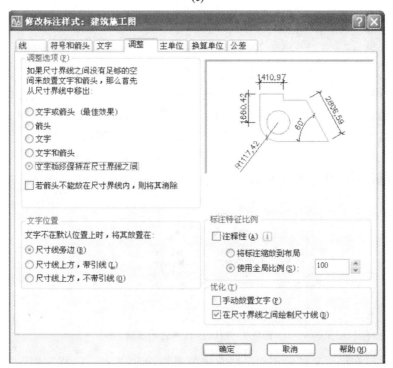

(d)

续图 7-6

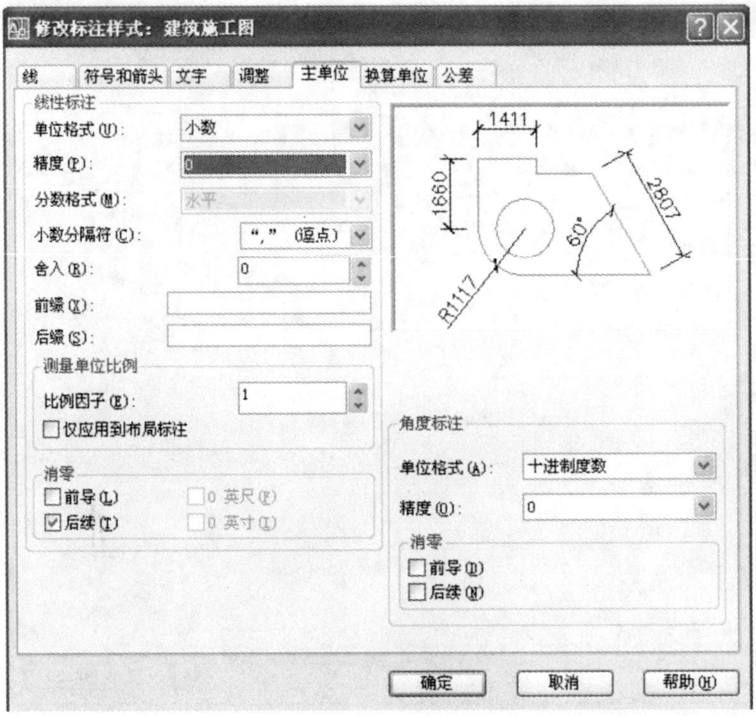

(e)

续图 7-6

6. 其他

以上样板文件仅作参考，可以根据个人作图习惯及绘图内容调整。还可以在样板文件中添加一些常用的内容，省去以后多次绘制的麻烦。

例如，平面、剖面图中经常需要绘制窗线，可以在样板文件中创建一组用于绘制窗线的多线，方便以后调用。通过选择"格式"菜单下的"多线样式"命令，创建一个名称为"window"的多线样式，样式设置如图 7-7 所示，可得到需要绘制一组四根平行的多线，调用时只需要将多线比例设置为窗的厚度即可。

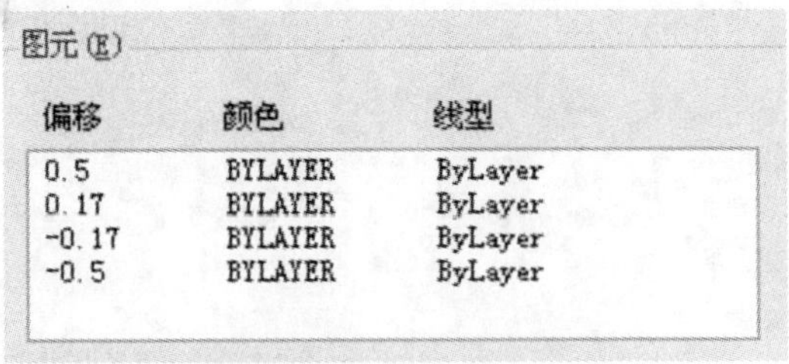

图 7-7 窗线多线样式的设置

此外，还可以在样板文件中添加一些常用的图块，如指北针、A3 图框、标题栏等，此处不再一一赘述。

项目 8　图纸的打印与输出

【学习要求】

通过本项目的学习,了解 AutoCAD 的模型空间与图纸空间,熟悉图纸布局的设置,掌握打印样式的设置方法及图纸输出的过程。

8.1　模型空间与图纸空间

一般情况下,在使用 AutoCAD 创建图形之后,需要将图形打印到图纸上。图形输出是设计工作中的一个重要环节,图纸是工程施工及设计者与使用者之间进行交流的依据。

在 AutoCAD 2008 打印输出过程中,首先应创建布局并在布局中执行页面设置,在打印机管理器中指定打印设备,并进行如图纸尺寸和方向的设置,为图纸插入预定义的标题栏,创建浮动视口并设置浮动视口的视图比例,创建布局中的注释及几何图形。在布局的页面设置过程中可以为布局附一个打印样式表,将打印样式分配给打印图形中的图形对象,产生所期望的打印效果。做好所有设置后,打印输出图形。

AutoCAD 中所绘制的图形的控制点坐标是针对 AutoCAD 内部的绝对坐标系的,这些图形有特定的位置、大小和尺寸。但是当使用绘图仪绘制图纸时,一般应该根据图纸的大小按比例缩放。为了使绘制的图形根据使用者的意图准确无误地反映到图纸上,首先应明确模型空间与图纸空间这两个概念。

1. 模型空间

模型空间是指用户所画的图形(建立二维或三维模型)所处的环境。通常图形绘制与编辑工作都是在模型空间下进行的。它为用户提供了一个广阔的绘图区域,用户在模型空间中所需考虑的只是单个图形是否输出或正确与否,而不必担心绘图空间是否能容纳。一般来说,用户可以在模型空间按实际尺寸 1∶1 进行绘图,如正常的建筑绘图都是将建筑物体依照实际尺寸在模型空间中进行绘制。当启动 AutoCAD 后,默认处于模型空间,绘图窗口下面的"模型"选项卡处于激活状态。单击"布局"选项卡,则进入图纸空间,如图 8-1所示。

图 8-1　图纸空间

2. 图纸空间

图纸空间是一种工具,用于在绘图输出之前设置模型在图纸的布局,确定模型视图在图纸上出现的位置。在图纸空间里,用户无需再对任何图形进行修改、编辑,所要考虑的是图形在整张图纸中如何布置。图纸空间的图纸就是图形布局,每个布局代表一张单独的打印输出图纸,即工程设计中的一张图纸。

　　模型空间中绘制的图形能够转化到图纸空间,但图纸空间绘制的图形不能转化到模型空间。

　　在图纸空间,将模型空间图形以不同比例的视图进行搭配,必要时添加一些文字注释,如标题栏、技术要求等,再设置图纸大小、打印范围、打印比例等,从而形成一张完整的图纸图形,为打印创建完备的图形布局。

　　注意:先在模型空间内完成图形的绘制与编辑,再进入图纸空间进行布局。

8.2　布局

8.2.1　创建新布局

1. 布局的概念

　　布局是一个图纸空间环境,它模拟一张图纸并提供打印预设置。

　　在布局中,可以创建和定位浮动视口对象,添加标题栏或其他几何形状;可以在一个图形中创建多个布局来显示多种多样的视图,每个视图包含不同的打印比例和图纸尺寸。每个布局都可以模拟显示图形打印在图纸上的效果。

　　在图形区域下面有默认的两个布局选项卡:"布局 1"和"布局 2" 布局1 布局2 。选择任一布局选项卡,则自动进入图纸空间环境。图纸上有一个矩形的轮廓(虚线显示)指出当前配置的打印设备的图纸尺寸,显示在图纸中的页边界,指出图纸的可打印区域(细实线显示),如图 8-2 所示。在图纸空间中可以创建多个布局,在多个布局中设置图形不同的打印内容和打印效果。当默认状态下的两个布局不足以表达打印输出设置时,可以插入新的布局。

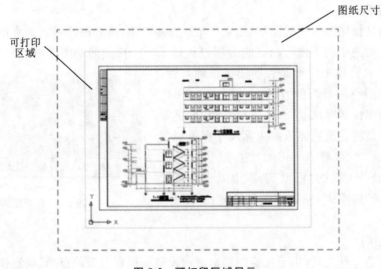

图 8-2　可打印区域显示

2. 创建布局

　　创建布局有以下两种方式。

方法一:选择"插入"的下拉菜单下的"布局"中的"新建布局"选项(见图 8-3)。

① 命令行出现提示:输入布局选项[复制(C)/删除(D)/新建(N)/样板(T)/重命名(R)/另存为(SA)/设置(S)/?]<设置>:_new

输入新布局名<布局 3>:

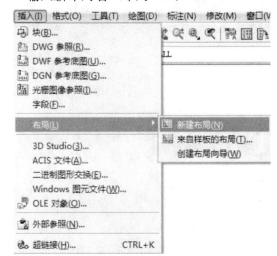

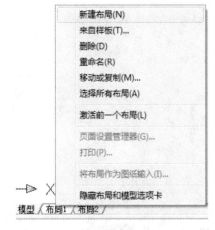

图 8-3 "新建布局"方法一   **图 8-4 "新建布局"方法二**

② 根据需要输入新布局的名称后按回车键或单击鼠标右键,也可采用尖括号中默认名称直接按回车键或单击鼠标右键确认,在"布局"选项卡中增加新的布局选项卡 \布局1/布局2/布局3/,创建新布局。

方法二:在"布局"选项卡上单击鼠标右键选择"新建布局"选项(见图 8-4),在"布局"选项卡中以默认名称增加新的布局选项卡,创建新布局。其余操作同方法一。

8.2.2 平铺视口

1. 视口

在绘图时,为了方便编辑,常常需要将图形的布局进行放大以显示详细细节。当用户希望观察图形不同位置的内容,并需要对其进行编辑修改时,仅仅使用单一的绘图视口已无法满足需要了,此时可借助于 AutoCAD 的平铺视口功能,将视图划分为若干视口。

2. 平铺视口

平铺视口是指把绘图窗口分成多个区域,创建多个不同的绘图区域,每一个区域都可用来查看图形的不同部分。在 AutoCAD 中,可以同时打开四个视口,且屏幕上可保留菜单栏和命令提示窗口。

当打开一个新布局时,在默认情况下,将用一个单独的视口显示模型空间的整个绘图区域,用户可以将屏幕的绘图区域分割成多个平铺视口。

(1) 创建平铺视口。

有以下三种操作方式。

方法一:在"视图"的下拉菜单中,选择"视口"中的"新建视口"选项(见图 8-5)。

①弹出如图 8-6 所示"视口"对话框,该对话框可以在模型空间创建和管理平铺视口。

②在"视口"对话框的"新建视口"选项卡中,可以显示标准视口配置列表,还可以创建并

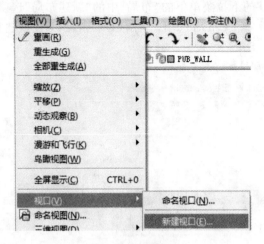

图 8-5　创建视口

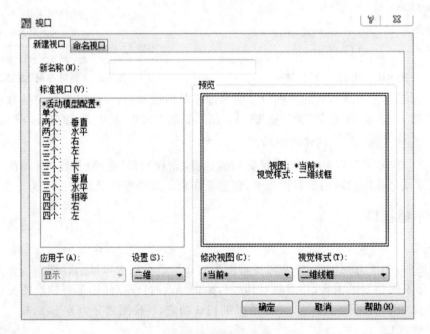

图 8-6　"视口"对话框

设置新平铺视口。

新建视口选项卡包括以下几个选项（操作内容见图 8-7、图 8-8）。

"新名称"区域：设置新创建的平铺视口的名称。

"标准视口"列表：显示用户可用的标准视口配置。

"预览"区域：预览用户所选视口配置以及已赋给每个视口的默认视图的预览图像。

"应用于"下拉列表：设置将所选的视口配置用于整个显示屏幕还是当前视口，有以下两个选项。

"显示"选项：该选项用于设置将所选的视口配置用于模型中的整个显示区域，为默认选项。

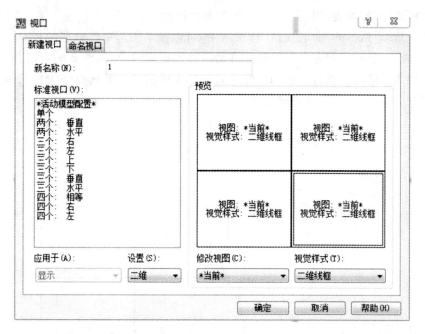

图 8-7　新建视口 1

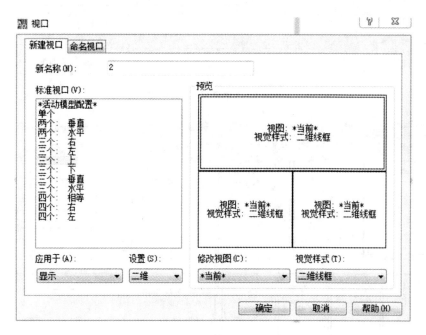

图 8-8　新建视口 2

　　"当前视口"选项：该选项将所选的视口配置用于当前视口。

　　"设置"下拉列表：用于指定二维或三维设置。如果选择"二维"选项，则使用视口小的当前视图来初始化设置；如果选择"三维"选项，则使用正交的视图来配置视口。

　　"修改视图"下拉列表：用于选择一个视口配置代替已选择的视口配置（此项三维时使用）。

"视觉样式"下拉列表:用于二维或三维的显示样式。

③在"视口"对话框的"命名视口"选项卡中,可以显示图形中已命名的视口配置。选择一个视口配置后,该视口配置的布局情况将显示在预览窗口中(见图 8-9),此时单击"确定"按钮,该视口为当前应用视口,图 8-10 所示为视口 1 的应用。若选择一个视口单击鼠标右键,则出现快捷菜单,可删除及重命名视口。

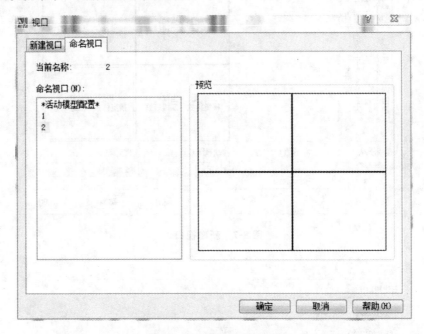

图 8-9 "命名视口"选项卡

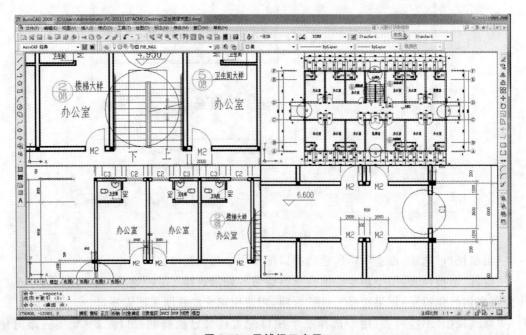

图 8-10 平铺视口应用

方法二：调出"视口"工具栏，选择按钮 ▦ ，其余操作同上。

方法三：在命令行中输入命令"vports"，并按回车键或单击鼠标右键，其余操作同上。

（2）平铺视口的应用。

① 每个视口都可以进行平移和缩放，设置捕捉、栅格和用户坐标系等，且每个视口都可以有独立的坐标系统。

② 在命令执行期间，可以切换视口以便在不同的视口中绘图。

③ 用户只能在当前视口里操作。要将某个视口设置为当前视口，只需单击该视口的任意位置。此时，当前视口的边框将加粗显示（见图 8-10）。

④ 只有在当前视口中光标才显示为"十"字光标。当光标移出当前视口之后，就变为一个箭头光标。

⑤ 在平铺视口中操作时，可全局控制左右视口中的图层可见性。如果在某个视口中关闭了某一图层，则系统将关闭所有视口中的相应图层。

（3）分割与合并视口。

选择"视图"菜单下的"视口"子菜单的某个命令（见图 8-11），可以在不改变视口显示的情况下，分割或合并当前视口。

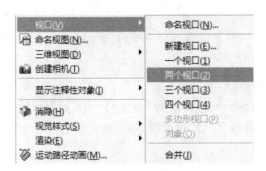

图 8-11　分割与合并视口

① 一个视口：将当前视口扩大到充满整个绘图窗口。

② 两个视口、三个视口、四个视口：将当前视口分割为两个、三个或四个视口。

③ 合并：选择该命令后，系统要求用户选定一个视口作为主视口，然后选择一个相邻视口，并将该视口与主视口合并。

8.2.3　浮动视口

与模型空间的平铺视口不同，布局中的视口不是固定在某个位置上的显示区域，而是图形对象。在布局中可以根据需要建立多个视口，视口之间可相互重叠或分离，同时可以对视口进行移动、调整大小、删除等操作，所以布局中的视口称为浮动视口。

在布局中可以创建布满整个可打印区域的单一视口，也可放置多个视口，创建浮动视口的命令与平铺视口相同，但是命令运行提示和响应不同。

布局图时，浮动视口是一个非常重要的工具，用于显示模型空间中的图形。创建布局图时，系统自动创建一个浮动视口。如果在浮动视口内双击鼠标左键，则可进入浮动模型空间，其边界将以粗线显示，如图 8-12 所示。

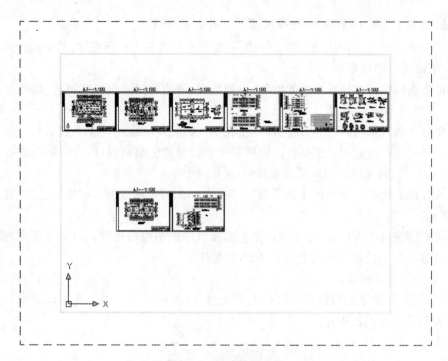

图 8-12 浮动模型空间

1. 创建浮动视口

此操作在图纸空间下进行,有三种方式。

(1) 在"视图"的下拉菜单中选择"视口"中的"新建视口"选项(见图 8-13)。

① 弹出如图 8-14 所示的"视口"对话框,通过该对话框可以在图纸空间创建和管理浮动视口。

图 8-13 创建浮动视口

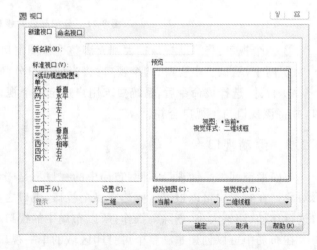

图 8-14 "视口"对话框

② 在"视口"对话框的"新建视口"选项卡中,可以显示标准视口配置列表,还可以创建并设置新的浮动视口。该选项卡包括以下几个选项。

"新名称"文本框:根据所选择的新建浮动视口类型而对应显示的视口名称。

"标准视口"列表:用于显示供用户选择的标准视口配置。

"预览"区域:用于预览用户所选视口配置及已赋给每个视口的默认视图的预览图像。

"设置"下拉列表:用于指定二维线框或三维线框的设置。

"修改视图"下拉列表:用于选择一个视口配置代替已选择的视口配置(此项当视觉样式为三维线框时使用)。

"视觉样式"下拉列表:用于二维或三维的显示样式。

③ 单击"确定"按钮,在命令行出现提示:指定第一个角点或[布满(F)]<布满>:根据需要给出视口显示范围,则新建视口按所设置参数和范围显示,如图 8-15 所示。

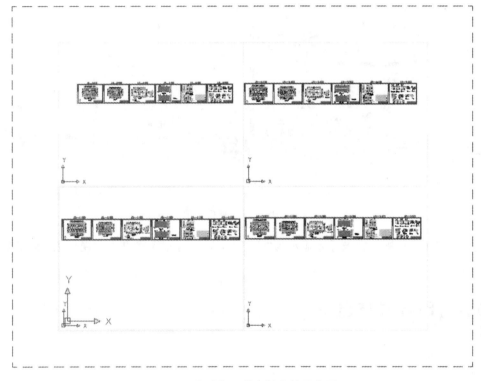

图 8-15　新建视口的参数和绘图范围

(2) 调出"视口"工具栏,选择按钮 ,其余操作同上。

(3) 在命令行中输入命令"vports",并按回车键或单击鼠标右键,其余操作同上。

在浮动模型空间中,可对浮动视口中的图形施加各种控制,例如,缩放和平移图形,控制显示的图层、对象和视图。用户还可像在模型空间一样对图形进行各种编辑。要从浮动模型空间切换到图纸空间,只需在浮动视口外双击鼠标左键即可。

① 每个视口都可以进行平移和缩放,设置捕捉、栅格和用户坐标系等,且每一个视口都可以有独立的坐标系统。

② 在命令执行期间,可以切换视口以便在不同的视口中绘图。

③ 用户只能在当前视口里操作。要将某个视口设置为当前视口,只需单击该视口的任意位置,此时,当前视口的边框将加粗显示(见图 8-16)。

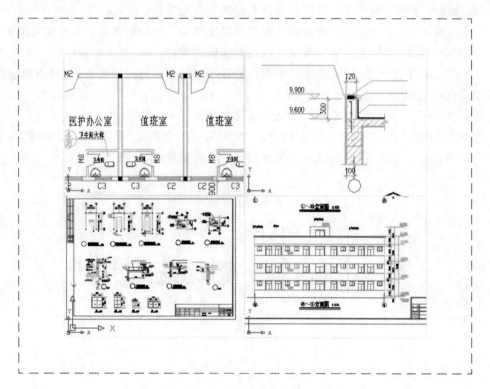

图 8-16　浮动视口应用

④ 只有在当前视口中光标才显示为"十"字光标。当光标移出当前视口后,就变为一个箭头光标。

8.3　打印样式与出图

8.3.1　打印样式简介

打印样式是一种对象特性,通过对不同对象指定不同的打印样式,控制不同的打印效果。

每个图形对象和图层都有打印样式特性,打印样式由打印样式表确定。在设定对象的打印样式时,可重新制定对象的颜色、线型、线宽及端点、角点、填充样式等输出效果,同时还可以指定,如抖动、灰度、笔号及浅显等打印效果。

AutoCAD 2008 提供了两种打印样式,一种是颜色相关的打印样式,另一种是命令打印样式,它们都保存在打印样式管理器中。选择"文件"菜单下的"打印样式管理器"命令,将打开"打印样式管理器"对话框。

使用颜色相关打印样式打印时,通过对象的颜色来控制绘图仪的笔号、笔宽及线型设定。颜色相关打印样式的设定存储在以".ctb"为扩展名的颜色相关打印样式表中。

命名打印样式可独立于对象的颜色之外。可以将命名打印样式指定给任何图层和单个对象,而不需考虑图层及对象的颜色。命名打印样式是在以".stb"为扩展名的命名打印样式表中定义的。

颜色相关打印样式和命名打印样式的选取方式如下。

选择"工具"菜单中的"选项"命令,在弹出的"选项"对话框中单击"打印和发布",进入"打印和发布"选项卡。单击"打印和发布"选项卡右下角的"打印样式表设置"按钮,将弹出"打印样式表设置"对话框,从中可以选择"使用颜色相关打印样式"或"使用命令打印样式"。

8.3.2 创建打印样式

利用打印样式管理命令,除了对打印样式进行编辑和管理,也可以创建新的打印样式。启动打印样式管理命令有如下两种方法。

方法一:选择"文件"菜单栏中的"打印样式管理器"。

其具体操作步骤如下。

(1) 弹出"打印样式管理器"对话框如图 8-17 所示。双击"添加打印样式表向导"选项即可启动向导。此时弹出如图 8-18 所示的对话框。

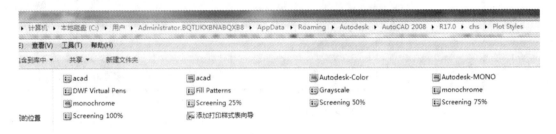

图 8-17 "打印样式管理器"对话框

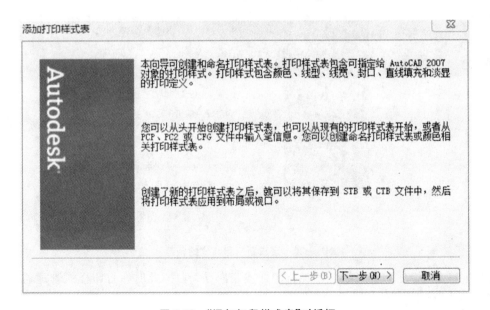

图 8-18 "添加打印样式表"对话框

(2) 在"添加打印样式表"对话框中,单击"下一步"按钮,进入"添加打印样式表-开始"对话框,选中"创建新打印样式表"单选按钮(默认),将创建一个新的打印样式表。

（3）单击"下一步"按钮，进入"添加打印样式表-选择打印样式表"对话框，在对话框中选中"命名打印样式表"单选按钮，创建一个命名打印样式表。

（4）单击"下一步"按钮，进入"添加打印样式表-文件名"对话框，如图 8-19 所示，在"文件名"文本框中输入打印样式文件的名称"施工图"，单击"下一步"按钮，进入图 8-20 所示的对话框。

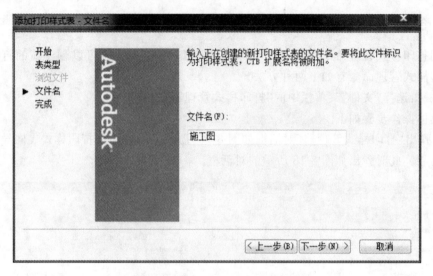

图 8-19　给创建的新打印样式命名

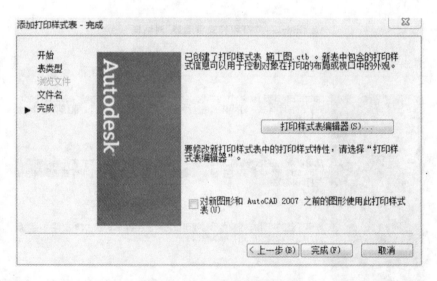

图 8-20　完成新打印样式的创建

（5）单击"完成"按钮，结束"添加打印样式表向导"程序，此时在打印样式管理器中出现了文件名为"施工图"的打印样式文件，如图 8-21 所示。

方法二：在命令行输入"Stylesmanager"命令，按回车键或单击鼠标右键确认。其余操作同上。

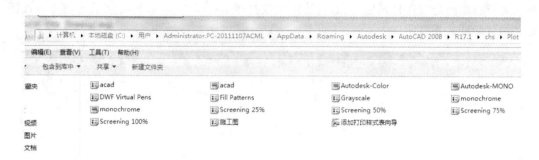

图 8-21　新打印样式文件生成

8.3.3　为图形对象指定打印样式

在当前绘图环境中设置"施工图"命名打印样式。

（1）选择"工具"菜单中的"选项"命令，在弹出的"选项"对话框中单击"打印和发布"选项卡右下角的"打印样式表设置"按钮，弹出"打印样式表设置"对话框，在"新图形的默认打印样式"项中点选"使用命名打印样式"，在"打印样式表设置"项的"默认打印样式表"下拉列表中选择"施工图.stb"项，如图 8-22 所示，将使用"施工图"命名打印样式表作为默认的打印样式表。

图 8-22　"打印样式表设置"对话框

（2）单击"确定"按钮，关闭"选项"对话框，但是，此时设定的打印样式并没有在当前的AutoCAD 环境中生效，我们必须关闭当前图形并重新打开，才能使用"结构施工图"打印样式表。

在"图层特性管理器"对话框中，"打印样式"下拉框由原来的灰显变成亮显显示，如图8-23所示，表示设定的打印样式已经在当前图形中生效。

为图形对象指定打印样式特性与指定颜色、图层、线型等特性一样，可使用"图层特性管理器"对话框为图层指定打印样式特性，也可以使用"特性"窗口为对象指定打印样式的特性。为所有层指定打印样式后,当通过绘图仪或打印机打印图形时,所有层上的对象将按照定义的打印样式来打印。

图 8-23 "图层特性管理器"中的打印样式

8.3.4 打印及其设置

图形经过设置、绘制、修改、说明几个环节后,就可以打印输出了。打印技能是绘图者必须掌握好的一项基本能力,在此介绍几种实用的常用打印方法。

对图形进行打印的时候,可以在模型空间中绘制图框并直接打印,也可以采用布局窗口进行打印。

在模型空间中进行打印的时候,需要进行一些设置,如图 8-24 所示。

(1) 选择打印机。

我们需要在打印机选项里选择合适的打印机。Windows 也有默认的虚拟打印机可供使用,不过由于驱动的不同,打印的效果与实际效果会有所不同。

(2) 选择输出的图纸尺寸。

根据输出目标选择标准图纸,如在此选择 A3 图纸。

(3) 设置打印范围。

开始绘图之后,我们进行图形界限设置时,定义图形界限的标准就是按 1:1 的比例打印图形,采用标准图纸的比例,为的是在输出的时候能有更合理的布局。

在此,我们需要定义打印区域,选择"窗口"按钮,指定图框的对角点,即可确定打印范围,如图 8-25 所示。

(4) 其他设置。

在"打印偏移"中选择居中打印,在打印比例中选择"布满图纸"。图纸方向根据需要选择"纵向"或"横向"。然后单击确定按钮,出现图 8-26 所示界面。

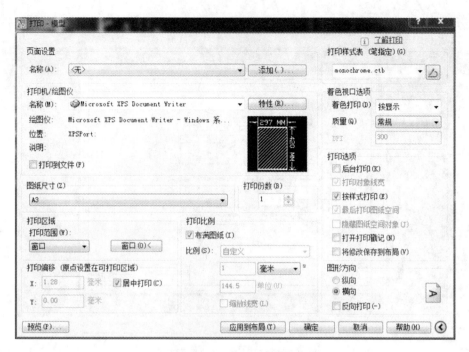

图 8-24 打印机设置

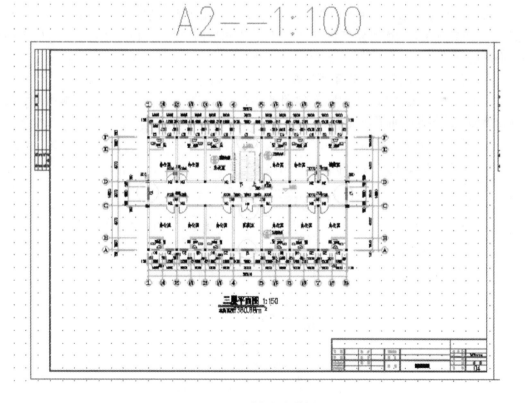

图 8-25 选择打印范围

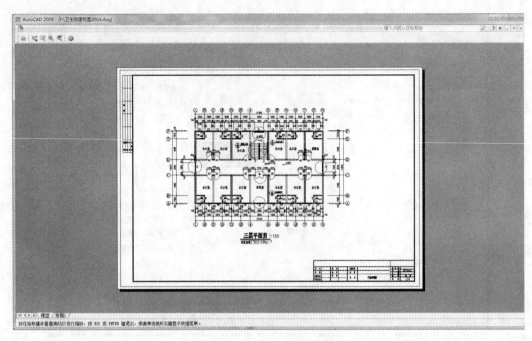

图 8-26　打印输出时的显示效果

（5）打印样式表。

图 8-26 所示图形在采用黑白打印机输出的时候,由于黑白打印机输出的是颜色的灰度值,彩色的对象在输出的时候颜色会变得很淡,影响出图效果。因此,必须把各种输出的颜色都设置为黑色。

设置输出颜色的方法主要有以下两种。

方法一:最直接的解决办法是修改"打印样式表",在打印样式表中将各种输出时颜色都改为黑色。操作方法如下。

在打印样式表中选择"acad.ctb",如图 8-27 所示。然后单击样式列表右边的 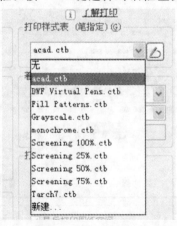 按钮,出现"打印样式表编辑器"对话框。按 Shift 键选择对话框左侧的所有颜色,将特性中的颜色

图 8-27　"acad.ctb"选项

选中"黑色"，则在输出的时候，会将拥有左边的所有颜色的对象输出为黑色，如图 8-28 所示。其他的线宽、线型都可以通过图 8-28 所示的打印样式表进行定义。最终输出的结果如图 8-29 所示，即为我们想要的效果。

图 8-28　打印样式表编辑器

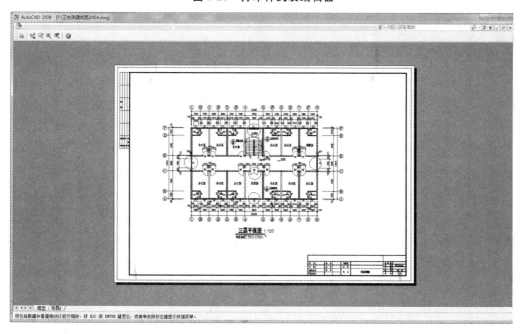

图 8-29　图纸最终输出效果显示

　　方法二:在打印样式列表中选择"monocharome. ctb",该样式可以把所有对象的颜色设定为黑色,如图 8-30,其他设定见方法一。

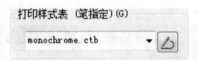

图 8-30　通过"monocharome. ctb"设定颜色

项目 9　建筑施工图绘制实例

【学习要求】

本项目以"某卫生院住院楼建筑施工图"为例,详细讲解建筑平面图、立面图、剖面图的绘制过程和方法,包括绘图准备(也称绘图环境设置)、绘制定位轴线、墙体、门窗、散水及其他细部、标注文字、尺寸等内容。同时也分别介绍多种快捷绘图方法。通过本项目的学习,使大家熟悉和掌握 AutoCAD 相关命令在绘制建筑施工图时的快捷应用。

9.1　建筑平面图绘制过程

9.1.1　绘图准备

建筑施工图不同于产品设计图、机械设计图、服装设计图等其他设计图,它是用来表示房屋的规划位置、外部造型、内部布置、内外装修、细部构造、固定设施及施工要求等的图纸。建筑施工图包括施工图首页、总平面图、平面图、立面图、剖面图和详图。利用 AutoCAD 绘制的建筑施工图具有图层较多、图幅较大、线条复杂等特点,但其又具有一定的重复性和规律性,因此,要快速绘制建筑施工图,在绘图前应对 AutoCAD 进行必要的绘图环境设置,如图形界限设置、图层设置、线型设置、字体样式设置及必要的工具栏设置等,以便在绘制过程中快捷地选择相应命令,提高绘图速度。

任务一:参照"某卫生院住院楼一层平面图"设置图形界限、图层、字体样式。

绘制步骤如下。

启动 AutoCAD2008 中文版软件系统,在工具栏空白处单击右键选择"ACAD",勾选若干常用工具,如图 9-1 所示,并将其拖曳到适当位置为绘图做好准备,如图 9-2 所示。也可选择"工具"下拉菜单中的"选项"进行个性设置,如十字光标大小、自动保存间隔分数、自动捕捉标记大小、靶框大小、拾取框大小、夹点大小等,具体设置详见项目 3。

图 9-1　勾选常用工具

1. 图形界限设置

选择"格式"下拉菜单中的"图形界限"或输入命令"limits",命令行提示如下。

(指定左下角点或[开(ON)/关(OFF)]<0,0>:)

输入 0,0 或直接按回车键(确定绘图界限左下角坐标)。命令行提示如下。

(指定右上角点<420,297>:)

输入 60000,40000 回车(确定绘图界限右上角坐标)。

结束命令。

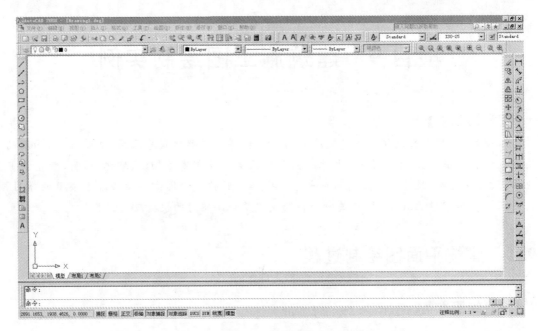

图 9-2　系统界面

注意,图形界限设置完毕后,必须要执行一次"全部缩放"命令,使得所设的绘图范围全部呈现在屏幕上。

方法一:选择 ![工具栏] 中的"全部缩放"命令 ![图标] ,完成缩放。

方法二:命令行输入快捷键"Z",命令行提示如下。

(ZOOM 指定窗口的角点,输入比例因子(nX 或 nXP),或者[全部(A)/中心(C)/动态(D)/范围(E)/上一个(P)/比例(S)/窗口(W)/对象(O)]<实时>:)

输入:A 回车(选择全部缩放)。

结束命令。

> **小技巧**:一般可设置图形界限的长宽为拟绘制建筑物的总长总宽分别多出 30000 左右。"格式"菜单下的"图形界限"建议使用快捷组合键"Alt+O"然后选择图形界限即可。"全部缩放"命令建议使用快捷键"Z"回车后按"A"。绘制过程中亦可双击 3D 鼠标的中键滚轮显示绘图范围。

2. 图层设置

单击 ![图层工具栏] 中的 ![图标] 。在"图层特征管理器"对话框中新建 6 个图层分别命名为轴线、墙体、门窗、楼梯、文字、标注,如图 9-3 所示。

> **小技巧**:在命令行输入"LA"即可进入"图层特征管理器"对话框,在该对话框中多次按回车键可立刻新建多个图层,然后修改图层名称、选择图层中显示的颜色、线型和线宽。

3. 文字样式设置

选择"格式"下拉菜单中的"文字样式"或点击 ![图标] 按钮进入"文字样式"对话框,新建字

图 9-3　"图层特征管理器"对话框

体"样式 1"，去掉"使用大字体"复选框，打开字体下拉列表，选择字体文件"仿宋"，在"宽度因子"文本框中输入"0.7"，如图 9-4 所示。

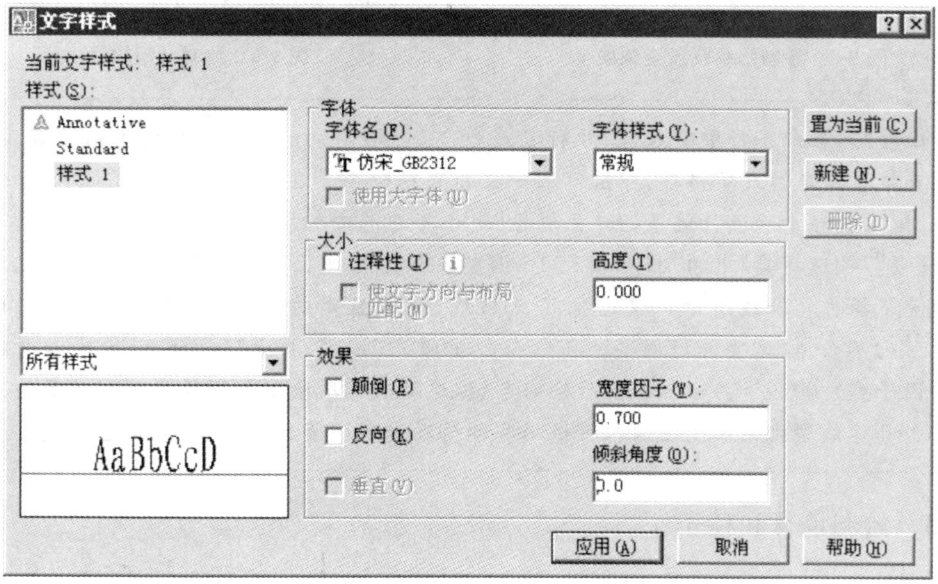

图 9-4　"样式 1"参数设置

小技巧：在命令行中输入"ST"即可进入"文字样式"对话框，根据自己的习惯设置多种样式，可提高绘图效率。在字体下拉列表框中不宜选带有@符号的字体，这类字体为颠倒字体。只有定义了中文字库中的字体，如宋体、楷体、仿宋或 bigfont 字体中的 HZ-txt.shx 等字体文件，才能进行中文标注，否则将会出现乱码或问号。

9.1.2 绘制定位轴线

任务二：绘制定位轴线。

绘制步骤如下。

将轴线层设置为当前层，执行"直线"命令，绘制出一条水平直线（长约 30000）和一条竖直直线（长约 20000），如图 9-5 所示。执行"偏移"命令，水平线依次向上偏移 2700、1500、4000、3000、4000、1500；竖直线依次向右偏移六个 1800、一个 3600 和六个 1800，如图 9-6 所示。

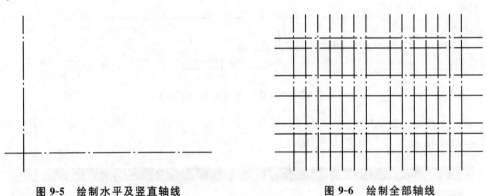

图 9-5　绘制水平及竖直轴线　　　　　　　图 9-6　绘制全部轴线

小技巧：在命令行中输入"L"执行直线命令，当绘制完水平线后需要绘制竖直线时，可以直接按回车键或空格键，即执行上一次的直线命令。在命令行中输入"O"执行偏移命令，输入偏移量后进行偏移，如"拾取框"太小不易选择对象时，可根据习惯选择"工具"→"选项"→"选择集"中的"拾取框大小"调整。如需重复上一次命令也可按回车键或空格键重复操作。轴线绘制即使选择了点画线，通常显示的是实线，这是因为线型比例（Ltscale）不合适，需要进行调整。在命令行中输入"Lts"，提示（LTSCALE 输入新线型比例因子＜1.0000＞；）输入 100 后按回车键，这时我们所绘制的图线便可以显示为点画线了。具体线型比例因子的输入可根据实际情况进行调节，直至显示出合适的线型。

9.1.3 绘制墙体和柱子

任务三：绘制墙体。

墙体的绘制可以用多线、直线偏移、多段线偏移等方式绘制，一般墙体线宽取粗线宽（本图例线宽组取粗线宽 0.5，中线宽 0.25，细线宽 0.15），因此，本图例墙体线宽取 0.5。本图例主要介绍利用多线绘制墙体的方法，大家在具体绘制过程中可结合使用多线编辑、夹点编辑、分解、修剪等命令进行修整直至符合绘图要求。利用多线绘制墙体是否需要新建多线样式,可根据绘图者的绘图习惯来设置,通常情况下墙体属于轴线对称时,可不新建多线样式,利用默认多线样式"STANDARD"修改其起点、端点、封口、对正方式和比例大小即可。

1. 绘制 240 墙体

绘制步骤如下。

将轴线层"锁定",设置墙体层为当前层。执行"绘图"→"多线"命令,命令行提示如下。

　　(命令:_mline

　　当前设置:对正=上,比例=20.00,样式=STANDARD

　　指定起点或[对正(J)/比例(S)/样式(ST)]:)

输入 J(修改对正方式)回车。命令行再次提示如下。

　　(输入对正类型[上(T)/无(Z)/下(B)]<上>:)

输入 z(修改对正类型为"中心对正")回车。命令行再次提示如下。

　　(当前设置:对正=无,比例=20.00,样式=STANDARD

　　指定起点或[对正(J)/比例(S)/样式(ST)]:)

输入 s(修改比例方式)回车。命令行再次提示如下。

　　(输入多线比例<20.00>:)

输入 240(设置多线比例为240)回车。命令行再次提示如下。

　　(当前设置:对正=无,比例=240.00,样式=STANDARD

　　指定起点或[对正(J)/比例(S)/样式(ST)]:)

此时,多线设置已修改为"对正=无,比例=240,样式=STANDARD",沿轴线和交点依次绘制 240 墙体,结果如图 9-7 所示。

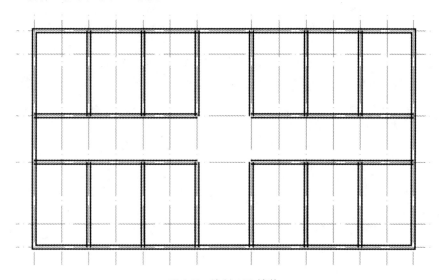

图 9-7　绘制 240 墙体

2. 绘制 120 墙线

按回车或空格键重复多线命令,按照上述方法将多线设置修改为"对正=无,比例=120.00,样式=STANDARD",绘制卫生间 120 墙体,结果如图 9-8 所示。

3. 编辑多线

在已绘制的多线上双击(或执行"MLEDIT"命令),在弹出的"多线编辑工具"对话框中选择相应的编辑工具(见图 9-9)对相交多线和角点多线进行编辑,结果如图 9-10 所示。

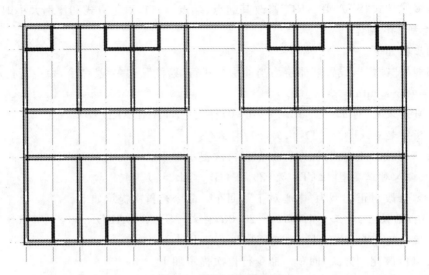

图 9-8　绘制 120 墙体

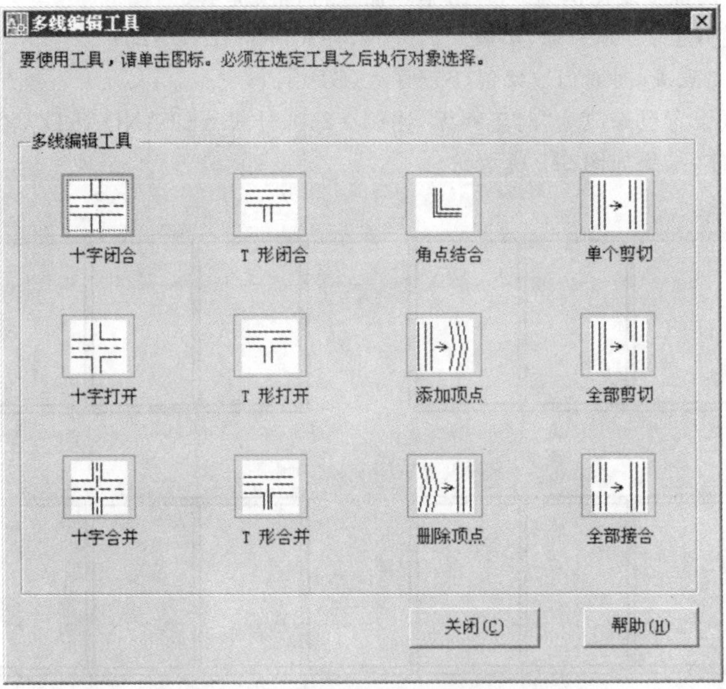

图 9-9　"多线编辑工具"对话框

小技巧:在命令行中输入快捷键"ml"执行多线命令,设置好相应的对正和比例参数后绘制多线。本课例的建筑物为对称图形,因此多线绘制完外墙和左下角三间房间后,可用镜像命令对其余房间进行绘制。

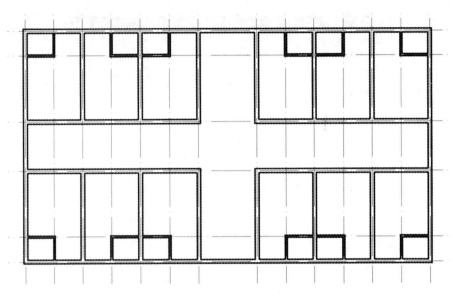

图 9-10　绘制编辑完的墙体

4. 绘制柱子

本例中有三种柱子,一种是断面尺寸为 240×240 的正方形柱,一种是 480×240 的长方形柱,另一种是直径为 400 的圆形柱,如图 9-11 所示。具体方法是先在墙体层为当前图层的空白区域执行矩形命令,绘制出 240×240 的正方形柱和 480×240 的

图 9-11　方形柱和圆形柱

长方形柱,执行绘制圆命令,绘制出直径为 400 的圆。执行图案填充命令,弹出"图案填充和渐变色"对话框(见图 9-12),对正方形、长方形、圆依次填充"SILID"图案,执行复制命令和镜像命令,完成其他位置柱子的复制。

绘制步骤如下。

① 绘制 240×240 正方形。

执行"矩形"命令。命令行提示如下。

(指定第一个角点或[倒角(C)/标高(E)/圆角(F)/厚度(T)/宽度(W)];)

在屏幕空白区域鼠标单击一下(指定矩形左下角点)。命令行提示如下。

(指定另一个角点或[面积(A)/尺寸(D)/旋转(R)];)

输入@240,240(利用相对坐标指定矩形右上角点)

命令执行结束。

按照上述方法绘制 480×240 的长方形。

② 绘制直径为 400 的圆。

执行"圆"命令,命令行提示如下。

(CIRCLE 指定圆的圆心或[三点(3P)/两点(2P)/相切、相切、半径(T)];)

在屏幕空白区域鼠标单击一下(指定圆心点)。命令行提示如下。

(指定圆的半径或[直径(D)];)

输入 200(指定圆半径为 200)

命令执行结束。

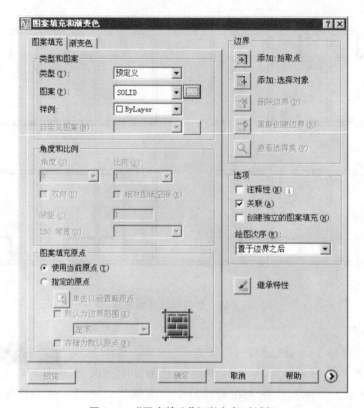

图 9-12　"图案填充"和渐变色对话框

小技巧：在命令行中输入"rec"执行多线命令，可利用相对坐标@240,240 绘制 240×
240 的正方形；利用相对坐标@480,240 绘制 480×240 的长方形。在命令行中输入"c"
执行圆命令，绘制直径为 400 的圆。在命令行中输入"h"执行填充命令。也可以利用多
段线绘制 240×240 的正方形柱和 480×240 的长方形柱，在命令行中输入"pl"设置好多
段线起始宽"w"为 240，便可绘制长度为 240 或 480 的两种柱子。（注意，如果利用多段
线的线宽画柱子，不能执行"分解"命令，否则多段线的线宽即会消失，显示成线而不显示
成柱子。）

9.1.4　绘制门窗

任务四：绘制窗。

1. 开门窗洞口

本图例中卫生间门垛尺寸为 150，病房门垛尺寸为 300。窗户除高窗 C3 外，其余都需要
修剪出洞口。编辑门窗洞之前，先锁定轴线层，并确定状态栏上的"极轴"、"对象捕捉"、"对
象追踪"命令开启，捕捉项目不宜过多，以勾选端点、垂足、交点为宜。

绘制步骤如下。

执行"直线"命令，如图 9-13(a)所示追踪起点，向右移动光标，0 度追踪线出现后输入
300 回车；鼠标向下绘制出一直线，如图 9-13(b)所示；向右偏移刚刚绘制的直线 1200，得到
窗洞线如图 9-13(c)所示。利用此方法绘制其余门窗洞线，绘制完所有的门窗洞口线后，执

行"修剪"命令对门窗洞口进行修剪,结果如图 9-14 所示。

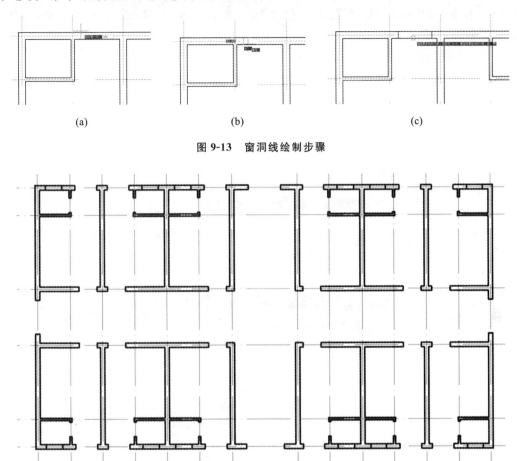

(a)　　　　　　　　　(b)　　　　　　　　　(c)

图 9-13　窗洞线绘制步骤

图 9-14　开门窗洞口完成图

> **小技巧**:绘制门窗洞口线可根据具体情况综合运用直线、移动、复制、偏移、镜像等命令,方法较多,绘图者可自己选择使用哪种。在命令行中输入"tr"执行修剪命令,提示(选择对象或<全部选择>:)时,可框选全部,回车后再点取需要剪掉的部分。如果对"极轴"、"对象捕捉"、"对象追踪"命令运用熟练,可以在多线绘制墙体的时候直接利用上述功能空出门窗洞口(注:多线样式已勾选"起点、端点"封口),可省掉修剪门窗洞口这一环节,进而大大提高绘图速度。

2. 绘制窗

窗的绘制可以用多线、直线偏移、直线复制、插入块等命令,本图例主要介绍利用多线绘制窗的方法。利用多线绘制窗,需要新建多线样式。在绘制窗之前锁定轴线层、墙体层,并确定状态栏上的"极轴"、"对象捕捉"、"对象追踪"命令处于开启状态,捕捉项目不宜过多,以勾选端点、垂足、中点、交点为宜。

绘制步骤如下。

"格式"→"多线样式",新建多线样式"C"如图 9-15 所示。设置"多线样式 C"参数,偏移量取 120、40、−40、−120,勾选封口选项中直线的起点、端点,如图 9-16(a)所示;新建多线样式"GC",设置"多线样式 GC"参数,偏移量取 120、40(线型选 HIDDEN)、−40(线型选 HID-DEN)、−120,勾选直线起点、端点,如图 9-16(b)所示。

执行"多线"命令,参数修改为"对正＝无,比例＝1.00,样式＝C",

在窗洞口依次绘制出 C1、C2。

执行"多线"命令,参数修改为"对正＝无,比例＝1.00,样式＝GC",

在窗洞口依次绘制出 C3,绘制结果如图 9-17 所示。

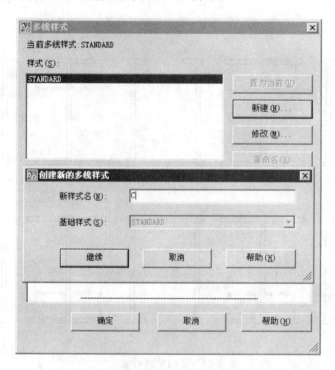

图 9-15　新建多线样式

(a)　　　　　　　　　　　　(b)

图 9-16　设置多线样式参数

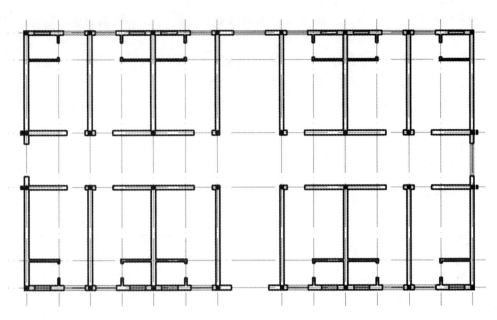

图 9-17　绘制全部窗户

小技巧：用多线绘制窗时,特别注意多线的比例,如果设置的多线已经是墙体厚度了,绘制比例必须设置为 1.0。如果采用直线偏移绘制窗时,可绘制出一扇尺寸 1000 的窗创建成块,然后其余窗可通过插入块后调整比例的方法依次绘制。练习过程中可综合运用直线、多线、复制、镜像、图块插入等命令来提高绘图速度。

任务五:绘制门。

门的绘制可以用直线、矩形、圆弧、创建、图块插入等命令,本图例主要介绍利用矩形、圆弧绘制门的绘制方法,然后创建“门”块,其余门用插入块的方式进行绘制。在绘制门之前锁定轴线、墙体层,并确定状态栏上的“极轴”、“对象捕捉”、“对象追踪”开启,捕捉项目不宜过多,以勾选端点、垂足、中点、交点为宜。

绘制步骤如下。

执行“矩形”命令,绘制一个边长为 40×1000 的矩形,如图 9-18(a)所示。然后以矩形的

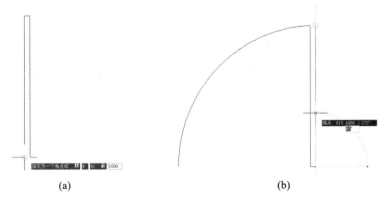

(a)　　　　　　　　　　　　　　　(b)

图 9-18　绘制门

一个端点为圆弧的起点,另一个端点为圆弧的圆心,绘制一个 90 度的圆弧,如图 9-18(b)所示。

执行创建块命令,将绘制好的宽为 1000 的门创建成块,基点选取门的右下角点,选择对象时选取全部绘制内容,命名为"men",如图 9-19 所示。

执行插入块命令,将"插入点"、"比例"、"旋转"三项勾选"在屏幕上指定",如图 9-20 所示。单击确定后就可以在需要绘制门的部位绘制出不同大小的门了,如绘制 800 的门,可设置比例为 0.8;如绘制 1800 的对开门,可设置比例为 0.9 后镜像出另外部分;图中弹簧门可根据具体要求利用上述方法编辑修改而成。绘制效果如图 9-21 所示。

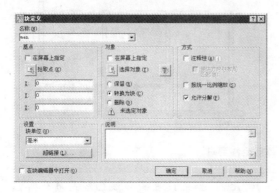

图 9-19　创建块

图 9-20　插入块

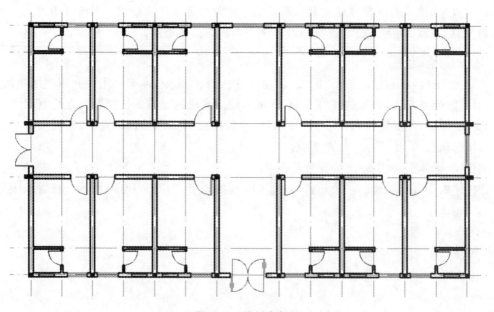

图 9-21　绘制全部门

小技巧:门的图例绘制有很多种类,通常在 AutoCAD 中先绘制出尺寸为 1000 的门样式创建成块,然后其余门可通过插入块调整比例的方法进行绘制。练习过程中可综合运用直线、多线、复制、镜像、图块插入等命令来提高绘图速度。

9.1.5　绘制散水、暗沟、台阶、坡道

任务六:绘制散水、暗沟。

执行矩形命令,紧贴建筑物外墙轮廓绘制一矩形框;执行偏移命令,偏移距离 800,将刚绘制的矩形轮廓向外偏移 800 绘制出散水轮廓线;再偏移 250 绘制出暗沟轮廓线,并将其线型修改为虚线。绘制效果如图 9-22 所示。

> **小技巧**:绘制平面不规则建筑的散水,可利用多段线命令沿着墙体外轮廓线描一圈,再进行偏移。

任务七:绘制台阶。

执行"矩形"命令,以①轴和 C 轴的交点为起点,以@−1500,3000 为第二点,绘制出第二级台阶;执行"偏移"命令,偏移距离 300,将刚绘制的矩形框向外偏移 300 绘制出第一级台阶;执行"修剪"命令,修剪掉多余的偏移线和散水。绘制效果如图 9-23 所示。

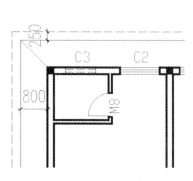

图 9-22　绘制散水、暗沟

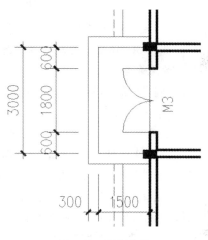

图 9-23　绘制台阶

任务八:按照图 9-24 要求绘制正门坡道。

在绘制正门坡道前确定状态栏上的"极轴""对象捕捉""对象追踪"开启,捕捉项目不宜过多,以勾选端点、垂足、圆心、中点、交点为宜。

绘制步骤如下。

执行"圆"命令,绘制坡道最外轮廓线。命令行提示如下。

(命令:_circle 指定圆的圆心或[三点(3P)/两点(2P)/相切、相切、半径(T)]:)

在绘图区域空白处单击鼠标(任意取一圆心位置)。命令行提示如下。

(指定圆的半径或[直径(D)]:)

输入 9000(输入外侧轮廓线圆半径 9000)

结束命令。

按下空格键,重复执行"圆"命令,命令行提示如下。

(命令:CIRCLE 指定圆的圆心或[三点(3P)/两点(2P)/相切、相切、半径(T)]:)

鼠标捕捉单击刚才绘制的圆的圆心(取圆心位置)。命令行提示如下。

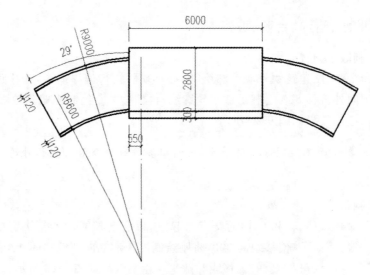

图 9-24　正面坡道参照尺寸

（指定圆的半径或［直径(D)］＜9000＞:）

输入 6600（输入内侧轮廓线圆半径 6600）

结束命令。

执行"偏移"命令，绘制坡道边缘线。命令行提示如下。

（命令:_offset

当前设置:删除源＝否　图层＝源　OFFSETGAPTYPE＝0

指定偏移距离或［通过(T)/删除(E)/图层(L)］:）

输入 120（设置偏移量 120）。命令行提示如下。

（选择要偏移的对象，或［退出(E)/放弃(U)］＜退出＞:）

选择半径 9000 的圆。命令行提示如下。

（指定要偏移的那一侧上的点，或［退出(E)/多个(M)/放弃(U)］＜退出＞:）

鼠标单击圆下方一侧。命令行提示如下。

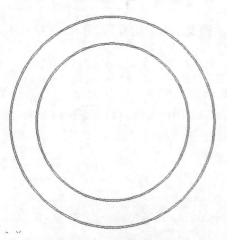

图 9-25　坡道轮廓辅助线

（选择要偏移的对象，或［退出(E)/放弃(U)］＜退出＞:）

选择半径 6600 的圆。命令行提示如下。

（指定要偏移的那一侧上的点，或［退出(E)/多个(M)/放弃(U)］＜退出＞:）

鼠标单击圆上方一侧。命令行提示如下。

（选择要偏移的对象，或［退出(E)/放弃(U)］＜退出＞:）

回车，结束命令。结果如图 9-25 所示。

执行"直线"命令。命令行提示如下。

（命令:_line 指定第一点:）

鼠标捕捉单击圆心。命令行提示如下。

（指定下一点或［放弃(U)］:）

鼠标向上移动延伸出圆外绘制一条直线。命令行提示如下。

　　(指定下一点或[放弃(U)]:)

　　回车,结束命令。

执行"偏移"命令,将直线向左偏移550。

执行"矩形"命令。命令行提示如下。

　　(命令:_rectang

　　指定第一个角点或[倒角(C)/标高(E)/圆角(F)/厚度(T)/宽度(W)]:)

　　鼠标捕捉单击偏移出的直线与第三个圆的交点。命令行提示如下:

　　(指定另一个角点或[面积(A)/尺寸(D)/旋转(R)]:)

　　输入@6000,2800(绘制正门台阶面)。

　　结束命令。

执行"直线"命令,绘制出正门台阶踏步。

执行"旋转"命令。命令行提示如下。

　　(命令:_rotate

　　UCS 当前的正角方向: ANGDIR=逆时针 ANGBASE=0.000

　　选择对象:)

鼠标选择偏移出的直线。命令行提示如下。

　　(找到1个选择对象:)

按下空格键结束选择。命令行提示如下。

　　(指定基点:)

鼠标单击圆心。命令行提示如下。

　　(指定旋转角度,或[复制(C)/参照(R)]:)

输入 c。命令行提示如下。

　　(旋转一组选定对象。指定旋转角度,或[复制(C)/参照(R)]:)

　　输入 29。

结束命令。效果如图 9-26 所示。

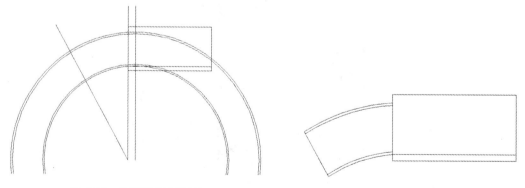

　　图 9-26 绘制正门台阶面 　　　　　　　　　　**图 9-27 修剪效果图**

执行"修剪"命令,按照图示要求编辑修剪多余部分,效果如图 9-27 所示。

执行"镜像"命令。命令行提示如下。

（命令：_mirror   选择对象：）

鼠标框选绘制好的左边坡道。命令行提示如下。

（指定对角点：找到 5 个   选择对象：）

回车，完成选择。命令行提示如下。

（指定镜像线的第一点：）

鼠标单击正门台阶面上中点。命令行提示如下。

（指定镜像线的第二点：）

鼠标单击正门台阶面下中点。命令行提示如下。

（要删除源对象吗？［是(Y)/否(N)］＜N＞：）

回车，结束命令。效果如图 9-28 所示。

图 9-28   绘制完成坡道平面图

9.1.6   绘图床铺及卫生洁具

建筑平面图中家具、卫生洁具通常采用的方式是插入块。本课例为了更好复习综合绘制及编辑工具，分别讲解床及卫生洁具的绘制，然后创建块，供后期插入块时使用。

任务九：按照图 9-29 **所示尺寸绘制单人床。**

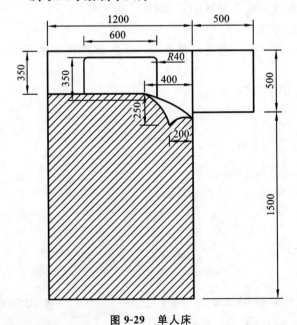

图 9-29   单人床

1. 绘制床和床头柜

执行"矩形"命令，绘制一个边长为 1200×2000 的矩形，然后以矩形的右上角为起点再绘制一个边长为 500 的正方形,如图 9-30 所示。

绘制步骤如下。

执行"矩形"命令。命令行提示如下。

    (命令:_rectang

    指定第一个角点或[倒角(C)/标高(E)/圆角(F)/厚度(T)/宽度(W)]:)

在空白区域单击鼠标一下(指定第一点)。命令行提示如下。

    (指定另一个角点或[面积(A)/尺寸(D)/旋转(R)]:)

    输入@1200,2000(输入矩形右上角点)

    结束命令。

重复"矩形"命令。命令行提示如下。

    (命令:_rectang

    指定第一个角点或[倒角(C)/标高(E)/圆角(F)/厚度(T)/宽度(W)]:)

在已绘制的矩形的右上角单击鼠标一下(指定第一点)。命令行提示如下。

    (指定另一个角点或[面积(A)/尺寸(D)/旋转(R)]:)

    输入@500,-500(输入正方形的右下角点)

    结束命令。

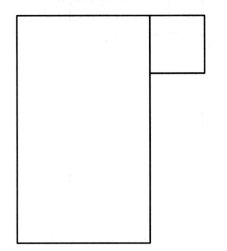

图 9-30 绘制床、床头柜轮廓线

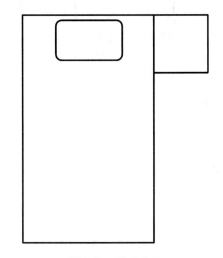

图 9-31 绘制枕头

2. 绘制枕头

执行"矩形"命令,绘制一个边长为 600×350 的圆角矩形,然后将枕头移动至指定位置,如图 9-31 所示。

绘制步骤如下。

执行"矩形"命令。命令行提示如下。

    (命令:_rectang

    指定第一个角点或[倒角(C)/标高(E)/圆角(F)/厚度(T)/宽度(W)]:)

输入 f(绘制圆角矩形)。命令行提示如下。

    (指定矩形的圆角半径<0.0000>:)

输入 40(设置圆角半径 40)。命令行提示如下。

（指定第一个角点或[倒角(C)/标高(E)/圆角(F)/厚度(T)/宽度(W)]：）

在空白区域单击鼠标一下（指定第一点）。命令行提示如下。

（指定另一个角点或[面积(A)/尺寸(D)/旋转(R)]：）

输入@600,350（输入圆角矩形右上角点）

执行"移动"命令，将枕头移动至指定位置。结束命令。

3. 绘制被子

绘制被子需要使用直线偏移、样条曲线、修剪和填充命令，并确定状态栏上的"极轴"、"对象捕捉"、"对象追踪"处于开启状态，捕捉项目不宜过多，以勾选端点、中点、垂足、交点为宜。

绘制步骤如下。

执行"直线"命令，鼠标触碰床铺左上角并向下移动，出现追踪后输入 350 回车后，向右移动与床铺右边垂直相交。

按照图示要求以上述方法做出两条被子折角辅助线，然后执行"样条曲线"命令，每条曲线点起点、中点偏上、端点绘制出"被子折角"，如图 9-32 所示。

综合运用夹点和"修剪"命令，编辑、修剪掉多余线条，如图 9-33 所示，最后执行"填充"命令，选择"ANSI31"图例，填充比例 30，选择被子区域填充，最终效果如图 9-34 所示。

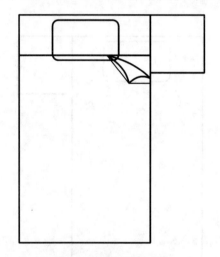

图 9-32 绘制被子折角

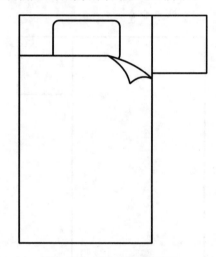

图 9-33 被子修剪效果图

任务十：绘制蹲便器。

绘制蹲便器需要使用矩形、直线、圆弧、倒圆角、偏移、组合多段线、修剪等命令，并确定状态栏上的"极轴"、"对象捕捉"、"对象追踪"处于开启状态，捕捉项目不宜过多，以勾选端点、中点、垂足、交点为宜。绘制效果如图 9-35 所示。

绘制步骤如下。

（1）执行"矩形"命令，绘制一个边长为 350×235 的矩形，然后以矩形的右下角为起点，右上角为端点，中点为圆心绘制圆弧。

绘制步骤如下。

执行"矩形"命令。命令行提示如下。

（命令：_rectang

指定第一个角点或[倒角(C)/标高(E)/圆角(F)/厚度(T)/宽度(W)]：）

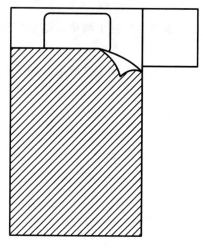

图 9-34　床铺及床头柜填充效果

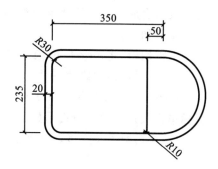

图 9-35　蹲便器

在空白区域单击鼠标一下(指定第一点)。命令行提示如下。

(指定另一个角点或[面积(A)/尺寸(D)/旋转(R)]:)

输入@350,235(输入矩形右上角点)

结束命令。如图 9-36(a)所示。

执行"圆弧"命令,下拉菜单"绘图"→"圆弧"→"起点、圆心、端点",命令行提示如下。

(命令:_arc 指定圆弧的起点或[圆心(C)]:)

鼠标单击上述绘制矩形的右下角为起点。命令行提示如下。

(指定圆弧的第二个点或[圆心(C)/端点(E)]:_c 指定圆弧的圆心:)

鼠标单击上述绘制矩形的右边线中点为圆心。命令行提示如下。

(指定圆弧的端点或[角度(A)/弦长(L)]:)。

鼠标单击上述绘制矩形的右上角为端点。

结束命令。如图 9-36(b)所示。

(2) 执行"分解"命令,将矩形分解后,将矩形的右边线向左移动 50,结果如图 9-36(c)
所示。

(3) 执行倒"圆角"命令,按照图示的要求将蹲便器边缘倒成圆角。

绘制步骤如下。

执行"圆角"命令。命令行提示如下。

(命令:_fillet

当前设置:模式=修剪,半径=0.0000

选择第一个对象或[放弃(U)/多段线(P)/半径(R)/修剪(T)/多个(M)]:)

输入 r(进入圆角半径设置)。命令行提示如下。

(指定圆角半径<0.0000>:)

输入 30(设置圆角半径 30)。命令行提示如下。

(选择第一个对象或[放弃(U)/多段线(P)/半径(R)/修剪(T)/多个(M)]:)

鼠标单击左边线。命令行提示如下。

(选择第二个对象,或按住 Shift 键选择要应用角点的对象:)

鼠标单击上边线。结束命令。

按下空格键(重复执行"圆角"命令)。按照图示的要求倒出另外三个圆角。结果如图 9-36(d)所示。

(4) 利用夹点编辑,将矩形上下边线与圆弧两端连接。然后执行多段线组合编辑将蹲便器轮廓线组合成一条多段线形成整体。

绘制步骤如下。

利用夹点编辑,将矩形上下边线与圆弧两端连接。

然后执行下拉菜单"修改"→"对象"→"多段线"。命令行提示如下。

(命令:_pedit 选择多段线或[多条(M)]:)

鼠标单击圆弧。命令行提示如下。

(选定的对象不是多段线是否将其转换为多段线? <Y>)

回车。命令行提示如下。

(输入选项[闭合(C)/合并(J)/宽度(W)/编辑顶点(E)/拟合(F)/样条曲线(S)/非曲线化(D)/线型生成(L)/放弃(U)]:)

输入 j。命令行提示如下。

(选择对象:)

依次选择蹲便器外轮廓线。

选择对象:找到 1 个

选择对象:找到 1 个,总计 2 个

选择对象:找到 1 个,总计 3 个

选择对象:找到 1 个,总计 4 个

选择对象:找到 1 个,总计 5 个

选择对象:(回车结束选择)。命令行提示如下。

(5 条线段已添加到多段线

输入选项[打开(O)/合并(J)/宽度(W)/编辑顶点(E)/拟合(F)/样条曲线(S)/非曲线化(D)/线型生成(L)/放弃(U)]:)

回车,结束命令,结果如图 9-36(e)所示。

(5) 将组合成多段线的轮廓线向外偏移完成蹲便器绘制。

执行"偏移"命令。命令行提示如下。

(命令:_offset

当前设置:删除源=否　图层=源　OFFSETGAPTYPE=0

指定偏移距离或[通过(T)/删除(E)/图层(L)]<通过>:)

输入 20(输入偏移量 20)。命令行提示如下。

(选择要偏移的对象,或[退出(E)/放弃(U)]<退出>:)

鼠标单击组合成多段线的蹲便器轮廓线。命令行提示如下。

(指定要偏移的那一侧上的点,或[退出(E)/多个(M)/放弃(U)]<退出>:)

鼠标向外侧单击。命令行提示如下。

(选择要偏移的对象,或[退出(E)/放弃(U)]<退出>:)

回车,结束命令,结果如图 9-36(f)所示。

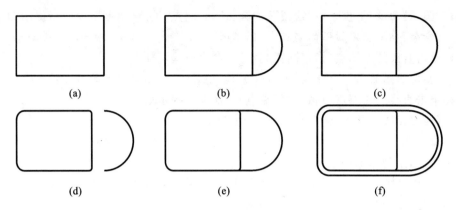

图 9-36 蹲便器绘制过程

任务十一:绘制洗脸盆。

绘制洗脸盆需要使用直线、圆、椭圆、圆弧、偏移和修剪等,并确定状态栏上的"极轴"、"对象捕捉"、"对象追踪"处于开启状态,捕捉项目不宜过多,以勾选端点、中点、圆心、垂足、交点为宜。绘制结果如图 9-37 所示。

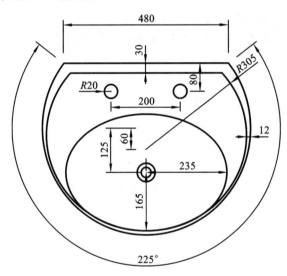

图 9-37 洗脸盆

(1) 执行"直线"命令,绘制一条长度为 480 的直线,然后以直线的左端点为圆弧的起点,右端点为圆弧的端点,以角度为 255 绘制出一段圆弧。

绘制步骤如下。

执行"直线"命令。命令行提示如下。

(命令:_line 指定第一点:)

在空白区域单击鼠标一下(指定第一点)。命令行提示如下。

(指定下一点或[放弃(U)]: <正交开>)

输入 480(输入直线长度 480)。命令行提示如下。

(指定下一点或[放弃(U)]:)

回车,结束命令。

执行"圆弧"命令,下拉菜单"绘图"→"圆弧"→"起点、端点、角度",命令行提示如下。

（命令:_arc 指定圆弧的起点或[圆心(C)]:）

鼠标单击直线的左端点(指定圆弧起点)。命令行提示如下。

（指定圆弧的第二个点或[圆心(C)/端点(E)]:_e 指定圆弧的端点:）

鼠标单击直线的右端点(指定圆弧端点)。命令行提示如下。

（指定圆弧的圆心或[角度(A)/方向(D)/半径(R)]:_a 指定包含角:）

输入 255(指定圆弧角度)

结束命令,绘制结果如图 9-38(a)。

(2) 执行"偏移"命令,将上图直线向下偏移 30,将上述绘制的圆弧向内偏移 12,再以圆弧的圆心下方 60 为圆心绘制半径 305 的圆。

绘制步骤如下。

执行"偏移"命令。命令行提示如下。

（命令:_offset

当前设置:删除源=否　图层=源　OFFSETGAPTYPE=0

指定偏移距离或[通过(T)/删除(E)/图层(L)]<1.0000>:）

输入 30(输入偏移距离 30)。命令行提示如下。

（选择要偏移的对象,或[退出(E)/放弃(U)]<退出>:）

鼠标选择直线。命令行提示如下。

（指定要偏移的那一侧上的点,或[退出(E)/多个(M)/放弃(U)]<退出>:）

鼠标向下侧点击。命令行提示如下。

（选择要偏移的对象,或[退出(E)/放弃(U)]<退出>:）

结束命令,重复偏移命令,按照上述方法将圆弧向内偏移 12。

执行"圆"命令。命令行提示如下。

（命令:_circle 指定圆的圆心或[三点(3P)/两点(2P)/相切、相切、半径(T)]:）

鼠标触碰圆弧圆心,向下方向移动,出现追踪后输入 60。命令行提示如下。

（指定圆的半径或[直径(D)]:）

输入 305(输入圆半径 305)

结束命令。绘制效果如图 9-38(b)所示。

执行"修剪"命令,将图形编辑修剪。结果如图 9-38(c)所示。

(3) 执行"椭圆"、"圆"命令,按照图示要求绘制出洗脸盆进水口及出水口。

绘制步骤如下。

执行"椭圆"命令。命令行提示如下。

（命令:_ellipse

指定椭圆的轴端点或[圆弧(A)/中心点(C)]:）

输入 c(首先指定椭圆圆心)。命令行提示如下。

（指定椭圆的中心点:）

鼠标触碰圆弧圆心,向下方向移动,出现追踪后输入 125。命令行提示如下。

（指定轴的端点:）

以椭圆圆心为起点鼠标向右移动输入 235。命令行提示如下。

（指定另一条半轴长度或[旋转(R)]:）

以椭圆圆心为起点鼠标向下移动输入 165

结束命令。绘制效果如图 9-38(d)所示。

执行"圆"命令,绘制出半径 20 的圆、半径 15 和 25 的同心圆,然后移动至图示指定位置,完成洗脸盆的绘制。绘制效果如图 9-38(e)所示。

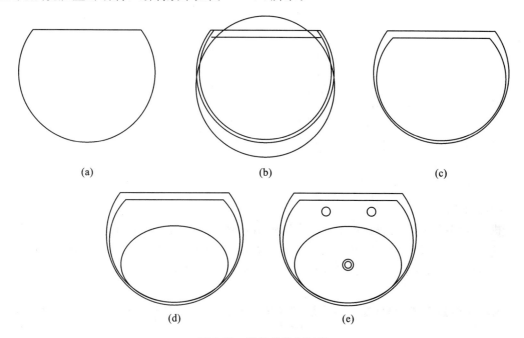

(a)　　　　　　　　　(b)　　　　　　　　　(c)

(d)　　　　　　　　　(e)

图 9-38　洗脸盆绘制过程

9.1.7　绘制楼梯

建筑平面图中楼梯通常分为首层楼梯、标准层楼梯和顶层楼梯,本图例以二层楼梯平面图为例介绍绘制方法,首层和顶层楼梯绘制可参照其方法绘制。在绘制楼梯前确定状态栏上的"极轴"、"对象捕捉"、"对象追踪"处于开启状态,捕捉项目不宜过多,以勾选端点、垂足、中点、交点为宜。

任务十二:按照图 9-39 要求绘制楼梯二层平面图。

绘制步骤如下。

首先将建筑平面图中楼梯间墙体门窗复制到绘图区域空白处,如图 9-40 所示。

执行"直线"命令,绘制第一条踏步线。命令行提示如下。

（命令:_line 指定第一点:）

鼠标单击楼梯间右侧 A 点处。命令行提示如下。

（指定下一点或[放弃(U)]:　<正交　开>）

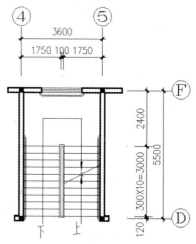

图 9-39　楼梯二层平面图

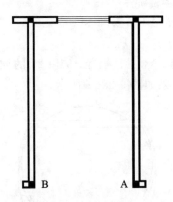

图 9-40 楼梯间墙体

鼠标单击楼梯间左侧 B 点处。命令行提示如下。

（指定下一点或[放弃(U)]：）

回车,结束命令。

绘制出 11 条踏步线。

执行"阵列"命令,或快捷键输入"AR",弹出"阵列"对话框如图 9-41 所示。

选择"矩形阵列",设置"行"输入 11,"列"输入 1,"行偏移"量输入 300。单击"选择对象"按钮,选择第一条踏步线,按回车键确定,绘图效果如图 9-42 所示。

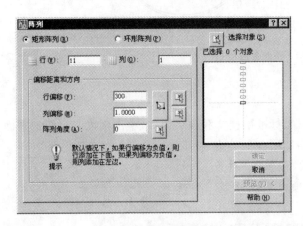

图 9-41 "阵列"对话框

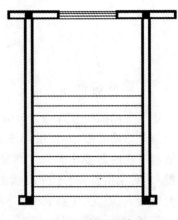

图 9-42 绘制踏步线

执行"矩形"、"偏移"命令绘制楼梯井。楼梯井矩形尺寸是@220,3120,向内偏移 60。

在绘图区域空白处,执行"矩形"命令。命令行提示如下。

（命令:_rectang

指定第一个角点或[倒角(C)/标高(E)/圆角(F)/厚度(T)/宽度(W)]：）

鼠标在绘图区域空白处单击一下(确定矩形左下角点)。命令行提示如下。

（指定另一个角点或[面积(A)/尺寸(D)/旋转(R)]：）

输入@220,3120(确定矩形右上角点)

结束命令。

执行"偏移"命令。命令行提示如下。

　　(命令:_offset

　　　当前设置:删除源＝否　　图层＝源　　OFFSETGAPTYPE＝0

　　　指定偏移距离或[通过(T)/删除(E)/图层(L)]＜通过＞:)

输入 60(输入偏移量 60)。命令行提示如下。

　　　(选择要偏移的对象,或[退出(E)/放弃(U)]＜退出＞:)

鼠标选择刚绘制的矩形。命令行提示如下。

　　　(指定要偏移的那一侧上的点,或[退出(E)/多个(M)/放弃(U)]＜退出＞:)

鼠标向内侧单击一下。命令行提示如下。

　　　(选择要偏移的对象,或[退出(E)/放弃(U)]＜退出＞:)

回车,结束命令。

将楼梯井移动至图示规定位置。

执行"移动"命令。命令行提示如下。

　　(命令:_move 选择对象:)

鼠标框选楼梯井。命令行提示如下。

　　　(指定对角点:找到 2 个选择对象:)

回车,完成选择。命令行提示如下。

　　　(指定基点或[位移(D)]＜位移＞:)

鼠标捕捉单击楼梯井矩形内框下边线中点(以此边线中点为基点)。命令行提示如下。

　　　(指定第二个点或＜使用第一个点作为位移＞:)

　　　鼠标移动捕捉至第一条踏步线中点,并单击鼠标。

结束命令。如图 9-43 所示。

执行"修剪"命令,编辑修剪楼梯井与踏步线重叠部分。命令行提示如下。

　　　(命令:_trim 当前设置:投影＝UCS,边＝无选择剪切边…

　　　选择对象或＜全部选择＞:)

鼠标框选所有。命令行提示如下。

　　　(指定对角点:找到 13 个选择对象:)

回车结束选择。命令行提示如下。

　　　(选择要修剪的对象,或按住 Shift 键选择要延伸的对象,或

　　　[栏选(F)/窗交(C)/投影(P)/边(E)/删除(R)/放弃(U)]:)

依次选择或框选重叠部分,修剪效果如图 9-44 所示。

执行"矩形"、"偏移"、"圆"和"倒圆角"命令绘制左右两侧楼梯扶手及窗户扶手。

左右侧扶手的矩形尺寸是@430,3485。圆角半径 150,向内偏移 50。

在绘图区域空白处,执行"矩形"命令。命令行提示如下。

　　(命令:_rectang

　　　指定第一个角点或[倒角(C)/标高(E)/圆角(F)/厚度(T)/宽度(W)]:)

鼠标在绘图区域空白处单击一下(确定矩形左下角点)。命令行提示如下。

　　　(指定另一个角点或[面积(A)/尺寸(D)/旋转(R)]:)

　　　输入@430,3485(确定矩形右上角点)

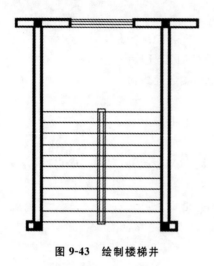

图 9-43　绘制楼梯井

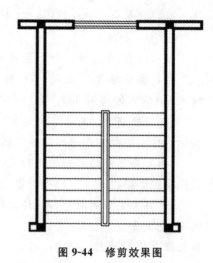

图 9-44　修剪效果图

　　结束命令。

执行"圆"命令。命令行提示如下。

　　(命令：_circle 指定圆的圆心或[三点(3P)/两点(2P)/相切、相切、半径(T)]：)

鼠标点击刚绘制的矩形的上边线中点为圆心。命令行提示如下。

　　(指定圆的半径或[直径(D)]：)

　　鼠标移动捕捉至矩形左上角点确定半径大小。

　　结束命令。

执行"倒圆角"命令。命令行提示如下。

　　(命令：_fillet

　　当前设置：模式＝修剪，半径＝0.0000

　　选择第一个对象或[放弃(U)/多段线(P)/半径(R)/修剪(T)/多个(M)]：)

输入 r(进入设置圆角半径)。命令行提示如下。

　　(指定圆角半径＜0.0000＞：)

输入 150(设置圆角半径 150)。命令行提示如下。

　　(选择第一个对象或[放弃(U)/多段线(P)/半径(R)/修剪(T)/多个(M)]：)

鼠标单击矩形左边线。命令行提示如下。

　　(选择第二个对象,或按住 Shift 键选择要应用角点的对象：)

　　鼠标单击矩形下边线。

　　结束命令。

按下空格键,重复执行"倒圆角"命令。命令行提示如下。

　　(命令： FILLET

　　当前设置：模式＝修剪,半径＝150.0000

　　选择第一个对象或[放弃(U)/多段线(P)/半径(R)/修剪(T)/多个(M)]：)

鼠标单击矩形右边线。命令行提示如下。

　　(选择第二个对象,或按住 Shift 键选择要应用角点的对象：)

　　鼠标单击矩形下边线。

结束命令。

执行"修剪"命令,按照图示要求修剪结果如图 9-44 所示。

然后执行下拉菜单"修改"→"对象"→"多段线"。命令行提示如下。

（命令:_pedit 选择多段线或[多条(M)]:）

鼠标单击圆弧。命令行提示如下。

（选定的对象不是多段线是否将其转换为多段线? ＜Y＞）

回车。命令行提示如下。

（输入选项[闭合(C)/合并(J)/宽度(W)/编辑顶点(E)/拟合(F)/样条曲线(S)/非曲线化(D)/线型生成(L)/放弃(U)]:）

输入 j。命令行提示如下。

（选择对象:）

依次选择扶手轮廓线。命令行提示如下。

（选择对象:找到 1 个）

回车,确定选择。命令行提示如下。

（选择对象:1 条线段已添加到多段线）

回车。命令行提示如下。

输入选项[打开(O)/合并(J)/宽度(W)/编辑顶点(E)/拟合(F)/样条曲线(S)/非曲线化(D)/线型生成(L)/放弃(U)]:

回车,结束命令。

将组合成多段线的轮廓线向内偏移完成扶手绘制。

执行"偏移"命令。命令行提示如下。

（命令:_offset

当前设置:删除源＝否　　图层＝源　　OFFSETGAPTYPE＝0

指定偏移距离或[通过(T)/删除(E)/图层(L)]＜通过＞:）

输入 50(输入偏移量 50。命令行提示如下。

（选择要偏移的对象,或[退出(E)/放弃(U)]＜退出＞:）

鼠标单击组合成多段线的蹲便器轮廓线。命令行提示如下。

（指定要偏移的那一侧上的点,或[退出(E)/多个(M)/放弃(U)]＜退出＞:）

鼠标向内侧单击。命令行提示如下。

（选择要偏移的对象,或[退出(E)/放弃(U)]＜退出＞:）

回车,结束命令。结果如图 9-45 所示。

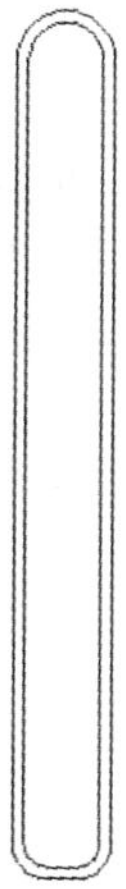

将楼梯扶手移动至图示规定位置,修剪完成左右楼梯扶手绘制。

执行"移动"命令。命令行提示如下。

（命令:_move 选择对象:）

鼠标框选楼梯扶手。命令行提示如下。

（指定对角点:找到 2 个选择对象:）

图 9-45　楼梯扶手

回车,完成选择。命令行提示如下。

　　(指定基点或[位移(D)]<位移>:)

鼠标捕捉单击楼梯扶手外框下边线中点(以此边线中点为基点)。命令行提示如下。

　　(指定第二个点或<使用第一个点作为位移>:)

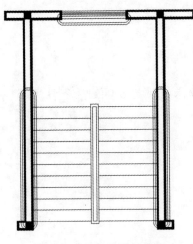

　　　　　　鼠标移动捕捉至楼梯间左右轴线起点,并单击鼠标。

　　　　　　结束命令。楼梯扶手效果图如图 9-46 所示。

　　　　　　执行"修剪"命令,按照图示要求修剪。窗户扶手的绘制按照尺寸要求参照上述绘制方法绘制。窗户扶手矩形尺寸是@2000,260,圆角半径165,向内偏移50。

　　　　　　执行"多段线"绘制折断线、楼梯上下方向线。

　　　　　　执行"多段线"绘制折断线,需要配合使用"延伸捕捉"、"平行捕捉"使得折断线的两端在同一条直线上,绘制效果如图。

　　　　　　执行"多段线"绘制楼梯上下方向线。命令行提示如下。

图 9-46　楼梯扶手效果图

　　(命令:_pline

　　指定起点:)

鼠标触碰楼梯踏步线中点与楼梯间外墙起点,追踪线出现后单击其交点(以此为多段线起点)。命令行提示如下。

　　(当前线宽为 0.0000

　　指定下一个点或[圆弧(A)/半宽(H)/长度(L)/放弃(U)/宽度(W)]:)

鼠标向上移动输入 1200。命令行提示如下。

　　(指定下一点或[圆弧(A)/闭合(C)/半宽(H)/长度(L)/放弃(U)/宽度(W)]:)

输入 w(进入多段线线宽设置)。命令行提示如下。

　　(指定起点宽度<0.0000>:)

输入 80(设置多段线起点线宽 80)。命令行提示如下。

　　(指定端点宽度<80.0000>:)

输入 0(设置多段线端点线宽 0)。命令行提示如下。

　　(指定下一点或[圆弧(A)/闭合(C)/半宽(H)/长度(L)/放弃(U)/宽度(W)]:)

鼠标向上移动输入 300。命令行提示如下。

　　指定下一点或[圆弧(A)/闭合(C)/半宽(H)/长度(L)/放弃(U)/宽度(W)]:

　　回车,结束命令。

参照上述方法绘制另一条楼梯方向线。

执行"单行文字"完成楼梯上下文字输入。

文字输入之前必须确定当前"文字样式",文字样式参照之前设置方法进行设置,选择相应文字样式,执行"单行文字"。命令行提示如下。

（命令：_dtext 当前文字样式："宋体"文字高度：350.0000 注释性：否

指定文字的起点或[对正(J)/样式(S)]：)

鼠标单击拟输入文字位置。命令行提示如下。

（指定高度<350.0000>：指定文字的旋转角度<0>：）

回车后，绘图区域显示输入文字光标，直接输入"上""下"即可。

细部调整后，最终楼梯的二层平面图绘制效果如图 9-47 所示。

首层楼梯和顶层楼梯的绘制方法可参照二层楼梯的绘制，可将利用二层楼梯作为复制图件，复制出首层楼梯平面及顶层楼梯平面，然后结合使用绘图、捕捉、编辑等工具进行绘制即可（见图 9-48）。

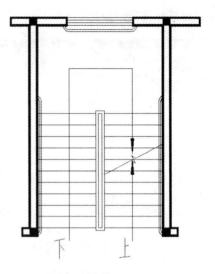

图 9-47　楼梯二层平面图

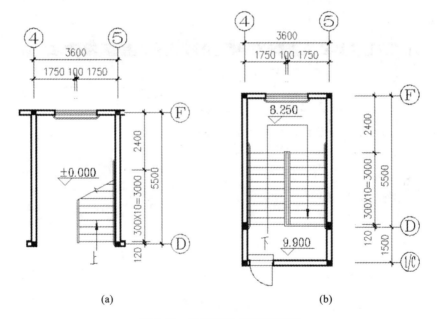

(a)　　　　　　　　　　　　　　(b)

图 9-48　楼梯首层、顶层平面图

9.1.8　图形注释

1. 尺寸标注

尺寸标注需注意制图标准的基本规定，室外尺寸主要标注三道，细部尺寸在内，总尺寸在外，本课例尺寸标注参数是在结合建筑制图标准及实际操作中得到的经验数值，希望大家熟练掌握。

首先应设置尺寸标注样式，单击"格式"→"标注样式"或点击 ![icon] 图标，或者在命令行输入"d"，按回车键，均可进入"标注样式管理器"对话框，如图 9-49 所示。新建标注样式命名为"建筑标注"基础样式选择 ISO-25,如图 9-50 所示。

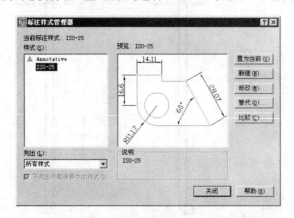

图 9-49　"标注样式管理器"对话框　　　　　图 9-50　"新建标注样式"对话框

　　在"线"选项卡上设置尺寸线、尺寸界线等参数。"基线间距"栏中输入 8,在"超出尺寸线"栏中输入 2,在"起点偏移量"栏中输入一个大于 2 的值,建筑一般取 5～10。设置参数如图 9-51 所示。

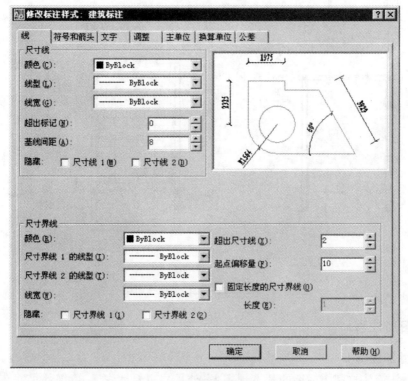

图 9-51　"线"选项卡参数设置

　　在"符号和箭头"选项卡上设置箭头、圆心标记、折断标注、弧长符号等参数。箭头"第一个"栏下拉列表框中选取"建筑标记"("第二个"栏也会随之变化),在"箭头大小"栏中输入 2。设置参数如图 9-52 所示。

　　在"文字"选项卡上设置文字外观、文字位置、文字对齐等参数。单击"文字样式"右侧按

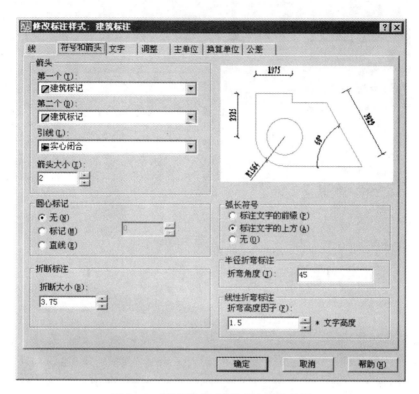

图 9-52　"符号和箭头"选项卡参数设置

钮,弹出对话框,如图 9-53 所示。新建字体"建筑字体";去掉"使用大字体"复选框;打开字体下拉列表框,选择"仿宋"字体文件;在"宽度因子"文本框中输入 0.7;"文字位置"选择垂直上方、水平居中;"文字对齐"选择与尺寸线对齐。设置参数如图 9-54 所示。

在"调整"选项卡上设置文字位置和标注特征比例等参数。在"使用全局比例"输入 100,通常情况下,如出图比例为 1：50,使用全局比例＝50;如出图比例为 1：100,使用全局比例＝100,这是在模型空间出图的情况。如果利用布局,则选择"按布局(图纸空间)缩放标注",不必指定 DIMSCALE 的值。设置参数如图 9-55 所示。

在"主单位"、"换算单位"、"公差"选项卡上将"主单位"精度改为 0,其余设置均可采用默认值,设置参数如图 9-56 所示。

绘制步骤如下。

将设置好的标注样式设置为当前,以及标注层设置为当前图层,对 A 轴轴线向下偏移3000,绘制出一条参考直线。并确定状态栏上的"极轴"、"对象捕捉"、"对象追踪"开启,捕捉项目不宜过多,以勾选端点、垂足、交点为宜。

任务十三:标注水平尺寸线。

执行"线性标注"命令。命令行提示如下。

(命令:_dimlinear

指定第一条尺寸界线原点或＜选择对象＞:)

鼠标选定参考线与 1 轴的交点。命令行提示如下。

(指定第二条尺寸界线原点:)

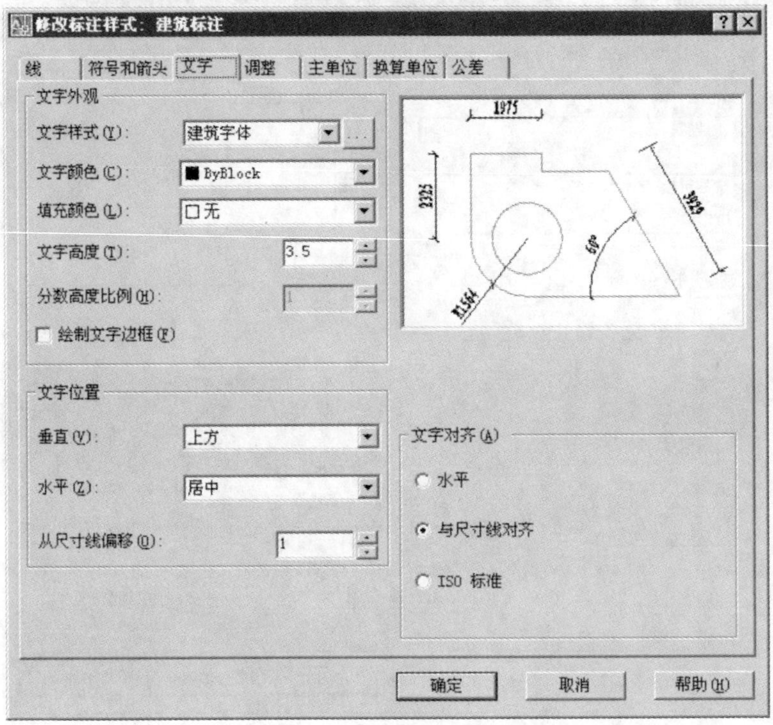

图 9-53 "文字"选项卡参数设置

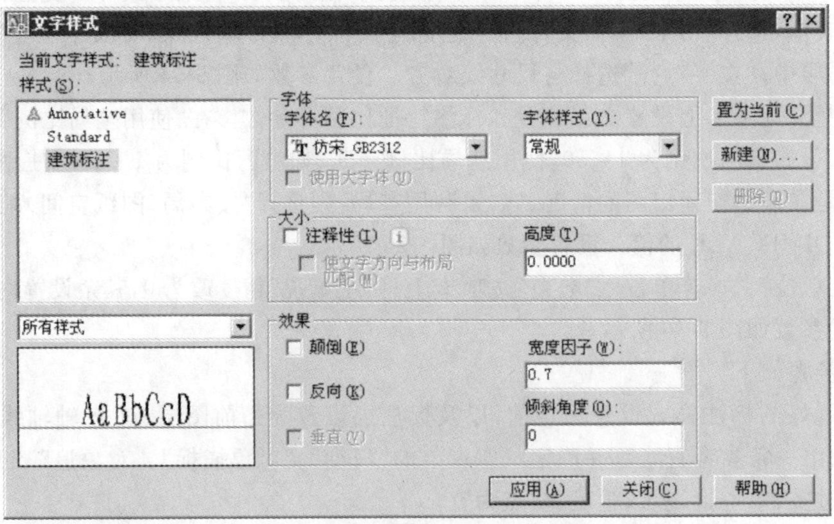

图 9-54 文字样式设置

鼠标移动捕捉门窗洞口边线,向下移动捕捉至参考线垂足点击捕捉。命令行提示如下。

（指定尺寸线位置或

［多行文字(M)/文字(T)/角度(A)/水平(H)/垂直(V)/旋转(R)]:)

鼠标向下移动到适当位置点击。

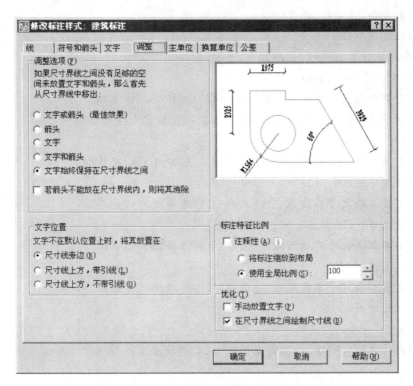

图 9-55 "调整"选项卡参数设置

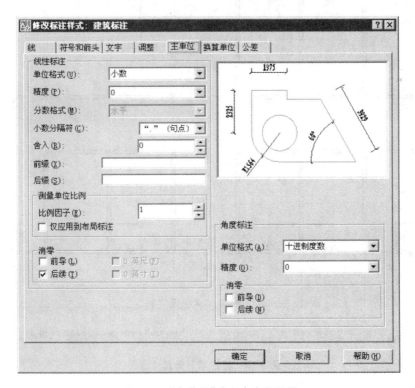

图 9-56 "主单位"选项卡参数设置

结束命令。

标注文字＝450

执行"连续标注"。命令行提示如下。

（命令：_dimcontinue

指定第二条尺寸界线原点或［放弃(U)/选择(S)］＜选择＞：）

鼠标依次移动捕捉门窗洞口边线,向下移动捕捉至参考线垂足点击。命令行提示如下。

（标注文字＝900

指定第二条尺寸界线原点或［放弃(U)/选择(S)］＜选择＞：

标注文字＝450

指定第二条尺寸界线原点或［放弃(U)/选择(S)］＜选择＞：

标注文字＝300

指定第二条尺寸界线原点或［放弃(U)/选择(S)］＜选择＞：

标注文字＝1200

指定第二条尺寸界线原点或［放弃(U)/选择(S)］＜选择＞：

标注文字＝300

……）

第一条尺寸线标注完毕,绘制效果如图 9-57 所示。

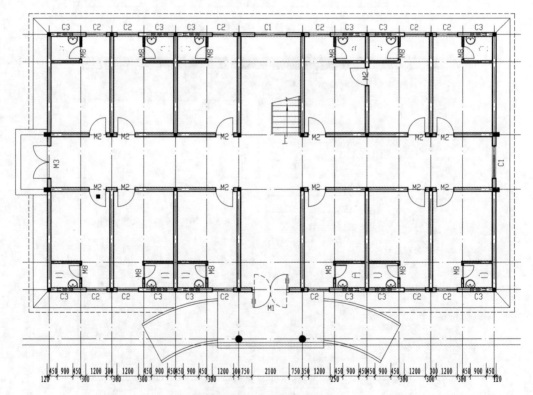

图 9-57　标注第一条尺寸线

标注第二条、第三条尺寸线步骤如下。

执行"基线标注"。命令行提示如下。

（命令:_dimbaseline

指定第二条尺寸界线原点或[放弃(U)/选择(S)]＜选择＞:）

回车,重新选择第一基线。命令行提示如下。

（选择基准标注:）

选择第一条尺寸线的第一个标注线。命令行提示如下。

（指定第二条尺寸界线原点或[放弃(U)/选择(S)]＜选择＞:

选择基准标注:）

鼠标移动捕捉单击 1/1 轴与参考线的交点。命令行提示如下。

（标注文字＝1800(此时,绘制出第二道尺寸线的第一个标注线)

指定第二条尺寸界线原点或[放弃(U)/选择(S)]＜选择＞:）

鼠标移动捕捉单击 8 轴与参考线的交点。命令行提示如下。

（标注文字＝25200(此时,绘制出第三道尺寸标注线)

指定第二条尺寸界线原点或[放弃(U)/选择(S)]＜选择＞:）

回车取消,命令窗口提示如下。

（选择基准标注:＊取消＊)

执行"连续标注"命令。命令行提示如下。

（命令:_dimcontinue

指定第二条尺寸界线原点或[放弃(U)/选择(S)]＜选择＞:）

回车,重新选择连续标注基准。命令行提示如下。

（选择连续标注:）

鼠标选择第二条尺寸线的第一个标注线。命令行提示如下。

（指定第二条尺寸界线原点或[放弃(U)/选择(S)]＜选择＞:）

鼠标依次移动捕捉单击各轴与参考线的交点。命令行提示如下。

（标注文字＝1800

指定第二条尺寸界线原点或[放弃(U)/选择(S)]＜选择＞:

标注文字＝1800

指定第二条尺寸界线原点或[放弃(U)/选择(S)]＜选择＞:

标注文字＝1800

指定第二条尺寸界线原点或[放弃(U)/选择(S)]＜选择＞:）

……

标注完毕后效果如图 9-58 所示。

标注垂直三条尺寸线的方法可参照上述水平尺寸线方法进行,完成结果如图 9-59 所示。

2. 符号标注

建筑图中的符号主要有标高符号、轴线编号、索引符号、指北针等。

任务十四:参照图 9-60 尺寸绘制标高符号。

绘制步骤如下。

利用"直线"工具绘制一直角边为 300 的直角等腰三角形,再利用"镜像"命令,镜像出对

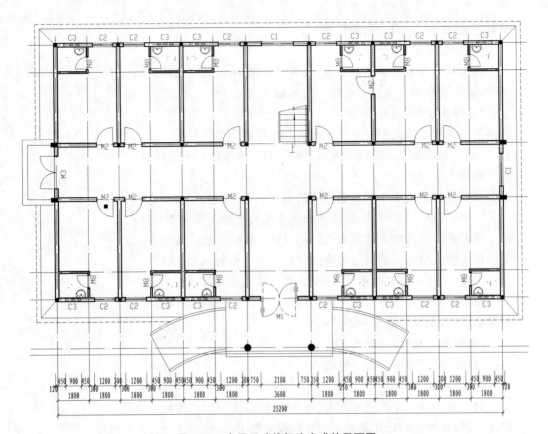

图 9-58　水平尺寸线标注完成的平面图

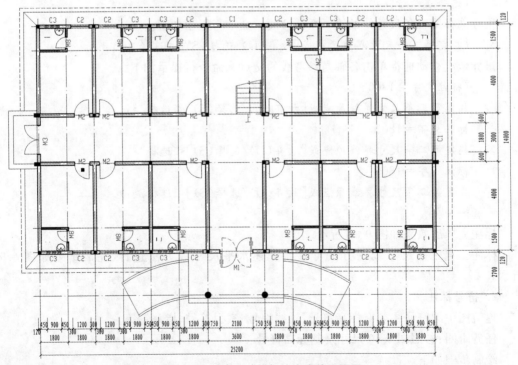

图 9-59　垂直尺寸线标注完成的平面图

称一面,最后使用夹点工具将标高符号绘制完成。具体绘制过程如图 9-61 所示。

图 9-60　标高符号　　　　　　　　图 9-61　标高符号绘制过程

任务十五:参照图 9-62 尺寸绘制轴线编号(圆直径 800,编号字高 500,字体 complex)。

绘制步骤如下。

利用"圆"工具绘制一直径为 800 的圆,再使用"单行文字"命令,输入文字编号。

注意,输入文字前必须设置好文字样式(字体选择 complex,字高输入 500)。

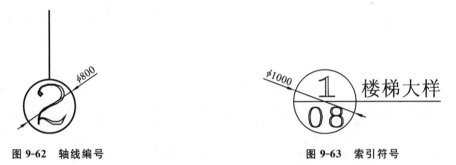

图 9-62　轴线编号　　　　　　　　　　　　图 9-63　索引符号

任务十六:参照图 9-63 尺寸绘制索引符号(圆用细实线绘制,直径 1000,编号字高 350,双位数宽度因子为 0.7,单位数宽度因子为 2,字体 complex;中文字体为仿宋,字高 350,宽度因子为 0.7)。

绘制步骤如下。

利用"圆"工具绘制一直径为 1000 的圆,再使用"直线"工具结合捕捉"象限点"绘制引出线,最后使用"单行文字"命令,输入文字编号。

任务十七:参照图 9-64(a)尺寸绘制指北针(指北针圆直径 2400,尾部箭头宽 300)。

绘制步骤如下。

利用"圆"工具绘制一直径为 2400 的圆,再使用"多段线"工具结合捕捉"象限点"绘制指北箭头,多段线起始宽度 300,终点宽度 0。具体绘制过程如图 9-64(b)所示。

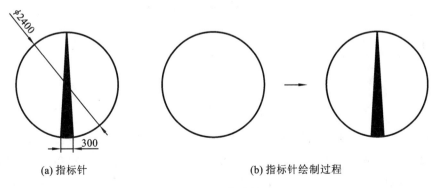

(a)指标针　　　　　　　　　　　　(b)指标针绘制过程

图 9-64　指北针

任务十八：参照图 9-65 **绘制图名(一层平面图** 1：100)(**字高** 700,**比例尺字高** 500 **或** 350)。

一层平面图 1:100

图 9-65　图名标注

绘制步骤如下。

使用"单行文字"命令,输入文字"一层平面图",字高 700,字体黑体;再输入 1：100,字高 500,字体仿宋;最后在文字下方使用"多段线"绘制一条直线,多段线起始宽度 100,终点宽度 100,多段线下方绘制一条同长细实线。

将以上标注符号移动至规定位置即最终完成"某卫生院住院楼一层平面图"的绘制。如图 9-66 所示。

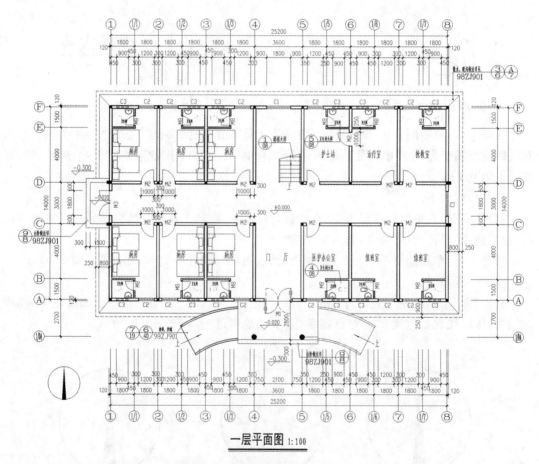

一层平面图 1:100

图 9-66　某卫生院住院楼一层平面图

本节以某工程建筑施工图纸为例,详细讲解建筑平面图的绘制过程和方法,包括绘图准备、绘制定位轴线、墙体、门窗、散水及其他细部和标注文字及尺寸等内容,将上述图件分解成若干个任务,通过完成绘图任务进而全面学习平面图的绘制方法和多种快捷绘图技巧,最终完成一层平面图的绘制。后续的二层平面图和顶层平面图也可以通过复制、编辑修改一层平面图的方法进行绘制。利用 AutoCAD 绘制建筑平面图需要细心和认真,同学们应多加强练习,学中做、做中学,努力从中发现更多、更快捷的技巧。

9.2 建筑立面图绘制过程

本节以"某卫生院住院楼①～⑧立面图"为例,详细讲解运用绘图及编辑修改命令绘制建筑立面图的过程和步骤。建筑立面图主要表现建筑物的体型和外貌、外墙装修、门窗的位置和形式、遮阳板、窗台、阳台、栏板、雨篷、台阶、花池等构配件的位置、形状与尺寸。立面图与平面图有着密切的联系,使用 AutoCAD 绘制建筑立面图通常将平立剖面图按照"长对正,高平齐,宽相等"的原则,放在同一张图纸上,通常根据平面图画出竖向辅助线,依据标高确定水平辅助线,然后依据辅助线定位画出立面各要素,进而完成建筑立面图的绘制。绘制建筑立面图的基本步骤如下。

(1) 根据需要绘制的立面图,先复制相应平面图,置于即将绘制的立面图正下方,并删除多余平面图部分,创建绘制立面图的条件和环境。

(2) 利用"多段线"绘制地坪线,利用"垂直构造线"通过各立面造型变化处绘制定位辅助线。

(3) 绘制立面门、窗、阳台、雨篷等构件外轮廓线。

(4) 绘制外墙装修分界线等细部构件。

(5) 绘制立面装修材料图例、文本和标高、尺寸标注。

9.2.1 绘图准备

平面图是绘制立面图的基础和依据,但是平面图中有许多信息与绘制立面图无关,如建筑物内部的墙体、楼梯、设施及文字、标注等,会干扰绘图者的操作和绘图速度。所以首先应复制、截取、修改平面图,留下所需绘制立面的朝向部分,创建绘制立面图的条件和环境。由于立面图通常是在平面图文件的基础上修改绘制,依然带有平面图的图层信息,一般不用新建图层,如有需要,亦可以新建图层补充。

如果建筑物各层立面变化不大,可以选择首层或标准层平面图作为绘制立面图的条件图;但当建筑物各层立面变化较大时,则应分开处理,利用各层的平面图分别绘制相应的立面图,最后再拼接和修改成完整的立面图。本图例"某卫生院住院楼①～⑧立面图"三层立面均有所变化,为了更好地学习立面图的绘制,我们将其立面图分开处理。

9.2.2 绘制地坪、辅助线

任务一:绘制地坪、辅助线。

将"地坪"层设置为当前层。在空白绘图区域绘制地坪,地坪用多段线绘制,线宽为 70,长度要大于建筑物总长,然后绘制横向定位辅助线和纵向定位辅助线,完成绘制立面图所需的辅助准备。

绘制步骤如下。

执行"多段线"命令。命令行提示如下。

（命令：_pline 指定起点：）

鼠标在空白绘图区域单击。命令行提示如下。

（指定下一个点或[圆弧(A)/半宽(H)/长度(L)/放弃(U)/宽度(W)]：)

输入 w。命令行提示如下。

（指定起点宽度：）

输入 70。命令行提示如下。

（指定端点宽度＜70＞：

回车（确定端点宽为 70）。命令行提示如下。

（指定下一个点或[圆弧(A)/半宽(H)/长度(L)/放弃(U)/宽度(W)]：)

鼠标向右正交移动长度要大于建筑物总长位置单击。命令行提示如下。

（指定下一个点或[圆弧(A)/闭合(C)/半宽(H)/长度(L)/放弃(U)/宽度(W)]：)

回车。结束命令。

执行"直线"命令绘制一条与刚刚绘制的多段线中心重合的直线（长度长于多段线），接着向上偏移该直线使其与多段线上边线重合。

图 9-67　绘制地坪线示意图

注意，地坪线通常用指定线宽的多段线绘制，由于多段线有线宽，为了避免之后绘图产生误差，必须要在地坪线（多段线）上边线绘制一条重合直线作为地坪起点，如图 9-67 所示。

本图例室外地坪标高−0.3 m，层高 3.3 m，女儿墙标高 11.4 m，梯顶高 12.9 m，建筑物总高 13.2 m。因此，执行偏移命令，将地坪线上直线向上偏移 300 获得首层地面线（±0.000），然后以首层地面线为偏移起点，分别向上偏移 3300、6600、9900、11400、12900、13200，绘制出横向（高度）定位辅助线，如图 9-68 所示。

图 9-68　绘制横向辅助线

复制一层平面图到绘图空白区域，用"编辑"、"修剪"、"删除"命令去掉与立面图无关的部分，仅保留南墙、墙洞和坡道部分，结果如图 9-69 所示。

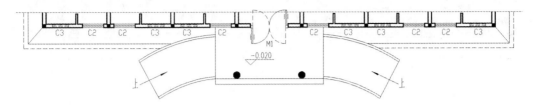

图 9-69　绘制一层立面的平面条件图

将修剪好的一层平面图南面部分移动到已绘制好的地坪线下方适当位置。启动"构造线"命令 ，分别在一层平面图南面部分的墙角、门洞、窗洞角绘制纵向定位辅助线。

绘制步骤如下。

执行"构造线"命令。命令行提示如下。

（命令：_xline 指定点或［水平（H）/垂直（V）/角度（A）/二等分（B）/偏移（O）］：）

输入 v（绘制纵向定位辅助线）。命令行提示如下：

（指定通过点：）

鼠标依次单击建筑物南面墙角、门洞角、窗洞角，点击完毕后回车结束命令，效果如图 9-70 所示。

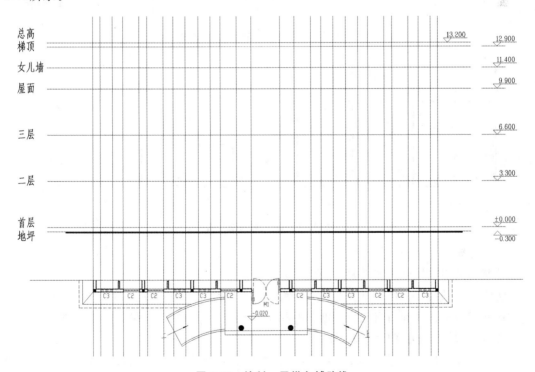

图 9-70　绘制一层纵向辅助线

绘制门窗定位辅助线，利用偏移命令，将首层横向定位辅助线向上偏移 1050，将偏移出的直线接着向上偏移 900、900，绘制出一层门窗定位辅助线，绘制效果如图 9-71 所示。

任务二：绘制门窗立面图。

（1）绘制窗立面图

绘制窗的规格尺寸见图 9-72 所示。

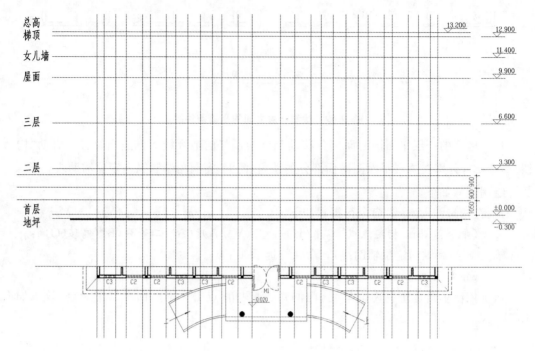

图 9-71　绘制一层门窗定位辅助线

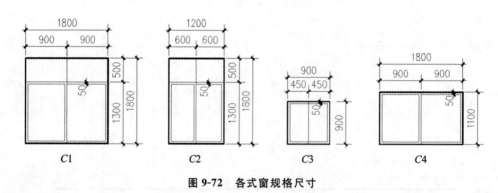

图 9-72　各式窗规格尺寸

（2）绘制门立面图

绘制门的规格尺寸见图 9-73 所示。

将绘制好的门、窗、坡道、门厅利用复制工具，基点选择门窗的左下角点，复制到图 9-71 中的纵向定位辅助线和门窗定位辅助线的相交区域内。门窗立面效果如图 9-74 所示。

任务三：绘制坡道、门厅、圆柱立面图。

坡道门厅的尺寸如图 9-75 所示。隐藏门窗纵横向辅助线，坡道和圆柱定位轴线，并参照上述方法绘制立面效果图，如图 9-76 所示。

隐藏坡道和圆柱定位轴线，一层立面效果图如图 9-77 所示。

任务四：绘制二层立面。

本图例二层立面窗户位置与一层立面有所区别，因此，我们将二层立面进行分开处理。

参照一层立面的画法，将二层平面同样复制到绘图空白区域，用编辑、修剪、删除命令去掉与立面图无关的部分，仅保留二层南墙、墙洞和雨棚部分，结果如图 9-78 所示。

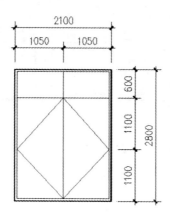

图 9-73　门规格尺寸

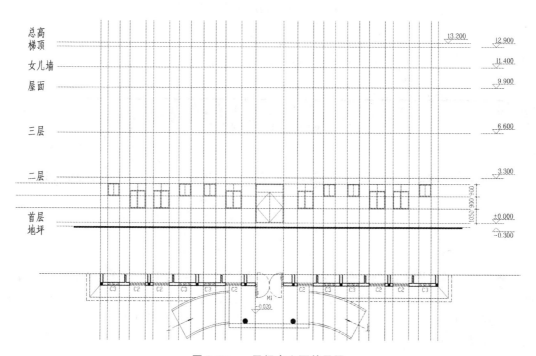

图 9-74　一层门窗立面效果图

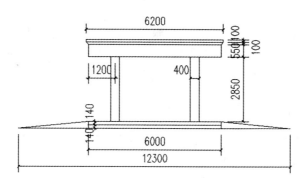

图 9-75　坡道门厅尺寸

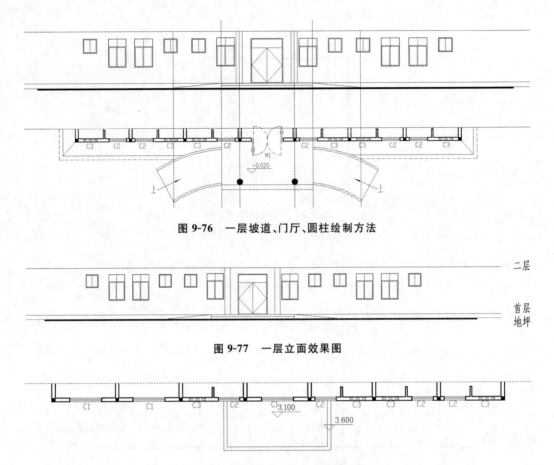

图 9-76　一层坡道、门厅、圆柱绘制方法

图 9-77　一层立面效果图

图 9-78　绘制二层立面的平面条件图

　　将修剪好的二层平面图南面部分移动到已绘制好的地坪线下方适当位置。启动"构造线"命令,或在命令行中输入"XL"分别在二层平面图南面部分的墙角、门洞角、窗洞角和雨棚角绘制纵向定位辅助线。并绘制二层门窗定位辅助线,绘制结果如图 9-79 所示。二层门窗立面效果图如图 9-80 所示。

　　隐藏辅助定位轴线,二层立面效果图如图 9-81 所示。

　　任务五:绘制三层立面。

　　本图例三层立面窗户位置与一层立面大致相同,仅正中的窗户与二层相同。因此,我们可以将一层所有窗户和二层正中窗户复制到三层,效果如图 9-82 所示。大家也可以参照一、二层立面画法对三层立面进行绘制练习,我们提供出三层南墙、墙洞部分供大家参考,如图 9-83 所示。

　　任务六:绘制屋顶层立面。

　　参照一、二层立面画法对三层立面进行绘制练习,我们提供屋顶层南墙、墙洞部分图如图 9-84 所示,屋顶雨棚可参考图 9-85 所示,并提供出绘制参考线,供大家参考。最后屋顶层辅助线绘制完毕后如图 9-86 所示。

　　立面外轮廓线用多段线描边,线宽 50,隐藏辅助定位轴线后效果如图 9-87 所示。

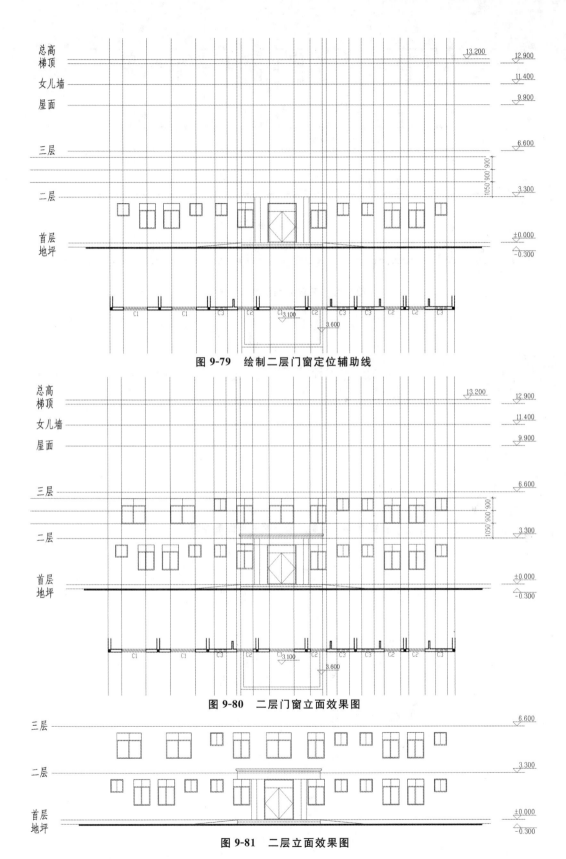

图 9-79 绘制二层门窗定位辅助线

图 9-80 二层门窗立面效果图

图 9-81 二层立面效果图

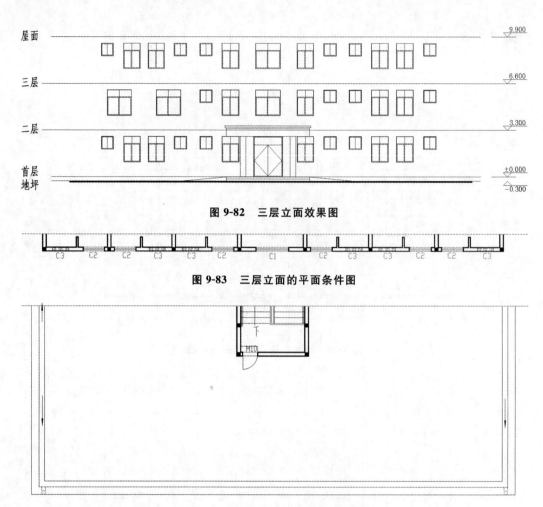

图 9-82　三层立面效果图

图 9-83　三层立面的平面条件图

图 9-84　绘制屋顶立面的平面条件图

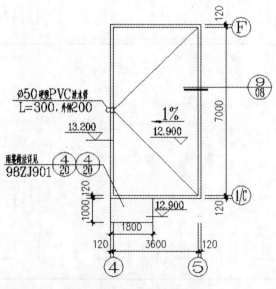

图 9-85　屋顶雨棚平面图

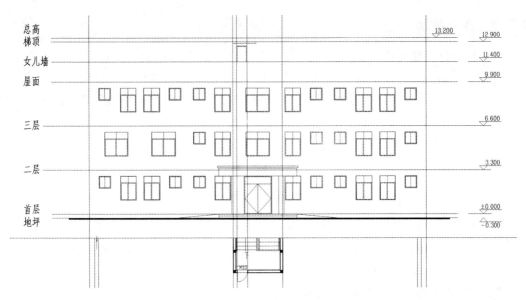

图 9-86 绘制屋顶辅助线

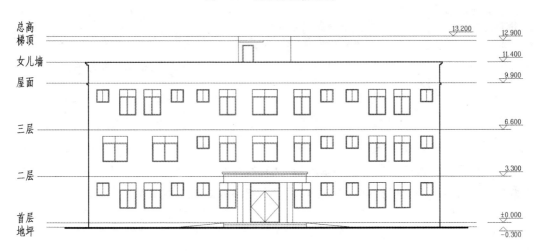

图 9-87 屋顶立面效果图

任务七：按照图 9-88 所示绘制医院 Logo 立面效果示意图。

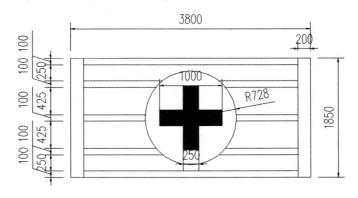

图 9-88 医院 Logo 立面图标示意图

9.2.3　图形注释

（1）标注尺寸及符号。

建筑立面图通常标注室内外地面、楼面、阳台、门窗处标高，也可以标注相应的高度尺寸及一些局部尺寸，为了标注清晰、整齐，便于读图，通常将各层相同构件的标高标注在同一竖直线上。标注样式的设置和标注方法可参考平面图标注及符号。

（2）标注文本。

建筑立面图及构配件与设施的装修材料、做法等，通常采用引出线引出进行文字说明。一般情况下可以直接用直线和单行文本进行指示说明，本书介绍 AutoCAD2008 及后续版本所增加的"多重引线标注"功能。

首先应设置多重引线样式，选择"格式"→"多重引线样式"或者点击 图标进入"多重引线样式管理器"对话框，如图 9-89 所示。新建多重引线样式，命名为"标注文本"基础样式选择"Standard"，如图 9-90 所示。

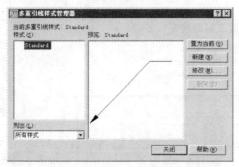

图 9-89　"多重引线样式管理器"对话框　　**图 9-90　"新建多重引线样式"对话框**

在"引线格式"选项卡上设置基本类型为"直线"，颜色为"Byblock"，箭头符号选"点"，箭头大小设置为"1"，引线打断设置为"0.125"。设置参数如图 9-91 所示。

在"引线结构"选项卡上勾选"最大引线点数"，然后设置点数为"2"，取消"自动包含基线"复选框，指定比例为 1000。设置参数如图 9-92 所示。

在"内容"选项卡上"多重引线类型"选择"多行文字"，"文字选项"中"文字样式"选择已设置好的"建筑字体"（用户自定义），"文字高度"选择"3.500"（如果字体样式中已设置字体高度，此项设置注意输入倍数），在"引线连接"中位置左右均选择"最后一行加下划线"，"基线间距"设置参数输入 1。设置参数如图 9-93 所示。

任务八：引线标注。

在工具栏空白处单击右键选择"ACAD"，勾选"多重引线"，弹出"多重引线"工具栏（见图 9-94）选择 或选择"标注"→"多重引线"，执行"多重引线"命令。命令行提示如下。

（命令：_mleader

指定引线箭头的位置或[引线基线优先(L)/内容优先(C)/选项(O)]＜选项＞：)

鼠标单击需要指引位置。命令行提示如下。

（指定引线基线的位置：)

鼠标向上移动到适当位置点击，弹出多行文本编辑对话框，输入文字"黄色面砖饰面"。

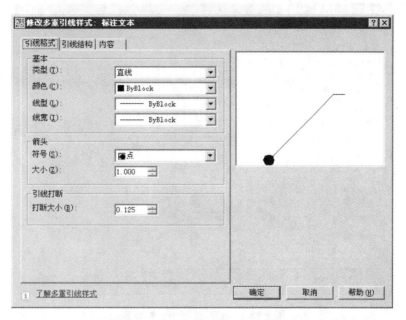

图 9-91 "引线格式"选项卡参数设置

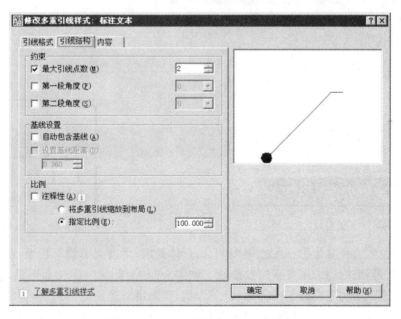

图 9-92 "引线结构"选项卡参数设置

结束命令。

选择 🔏 。命令行提示如下。

（选择多重引线：）

鼠标点击刚才标注的多重引线。命令行提示如下。

（找到 1 个   指定引线箭头的位置：）

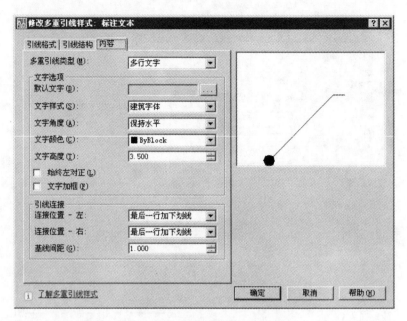

图 9-93 "内容"选项卡参数设置

鼠标在装饰线上依次点击需要添加引线的位置。

回车(取消),结束命令。效果如图 9-95 所示。

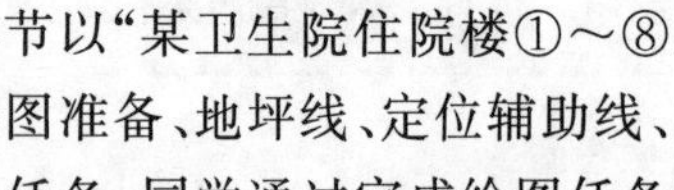

图 9-94 "多重引线"工具栏

图 9-95 文本标注

按照"某卫生院住院楼①～⑧立面图"上的具体要求,将以上引线标注至规定位置,再完成轴号及图名等,最终完成南立面图的绘制。如图 9-96 所示,⑧～①立面图见附图 2。

本节以"某卫生院住院楼①～⑧立面图"为例,详细讲解建筑立面图的绘制过程和方法,包括绘图准备、地坪线、定位辅助线、门窗及其他细部和引线标注等内容,将上述图件分解成若干个任务,同学通过完成绘图任务进而全面掌握立面图的绘制方法和多种快捷绘图技巧,最终完成南立面的绘制。后续的北立面、东立面、西立面也可以参照南立面绘制方法进行练习。利用 AutoCAD 绘制建筑立面图的方法很多,大家应多加强练习,学中做、做中学,努力从中发现更多、更快捷有效的技巧。

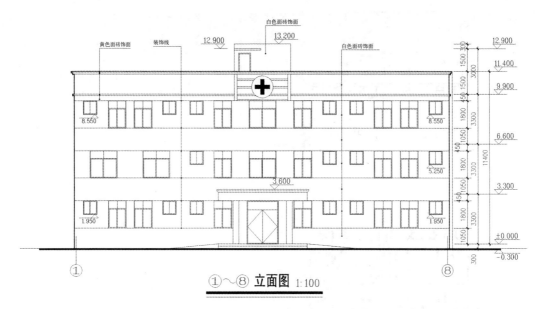

图 9-96 某卫生院住院楼①～⑧立面图

9.3 建筑剖面图绘制过程

1. 用辅助线绘制出剖面图轮廓

第一步:创建 X 轴、Y 轴,将立面图和平面图分别放在第二象限和第三象限(见图9-97),第四象限作 45 度线。

要点:可以将"极轴追踪"设置为 45 度增量角,在用直线命令"L"时捕捉 45 度线(见图9-98)。

第二步:用水平构造线("XL"命令)绘制墙体的辅助线(见图9-99)。

命令:xl

XLINE 指定点或[水平(H)/垂直(V)/角度(A)/二等分(B)/偏移(O)]:h

指定通过点:

要点:打开对象捕捉功能捕捉每条墙线。

第三步:将水平辅助线与 45 度线的交点引垂直构造线作为剖面图的墙体辅助线(见图9-100)。

命令:xl

XLINE 指定点或[水平(H)/垂直(V)/角度(A)/二等分(B)/偏移(O)]:v

指定通过点:

要点:打开对象捕捉功能捕捉每条水平辅助线与 45 度线交点。

第四步:从立面图引水平构造线作为剖面图楼(屋)面板面高度的辅助线(见图9-101)。

要点:操作方法同第二步,可以捕捉每层楼地面及屋面高度处特殊点。

第五步:修剪出剖面图轮廓线,并绘制定位轴线方便作图(见图9-102)。

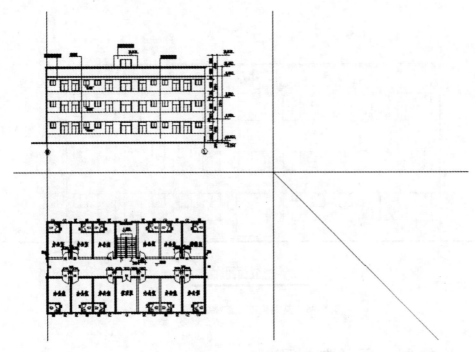

图 9-97　投影辅助线

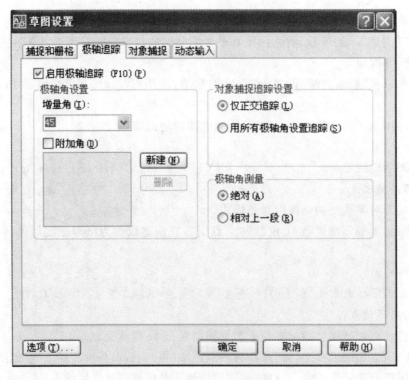

图 9-98　设置 45 度增量角

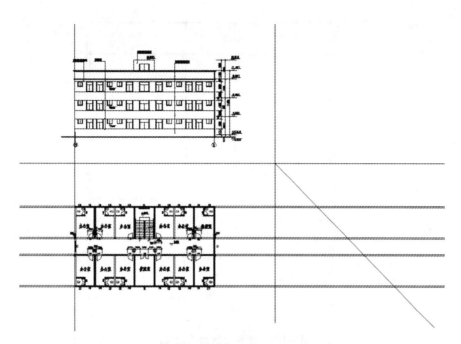

图 9-99　从平面图引出墙体辅助线

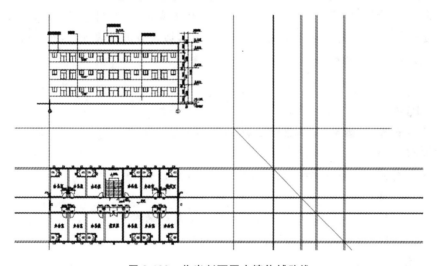

图 9-100　作出剖面图中墙体辅助线

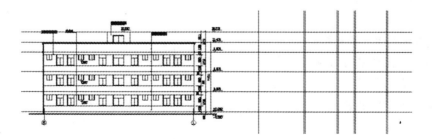

图 9-101　从立面图引出楼(屋)面辅助线

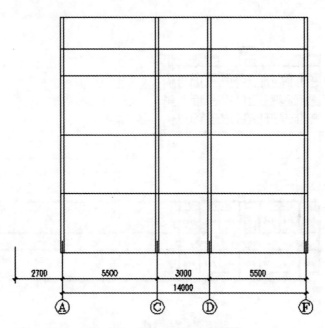

图 9-102　修剪出剖面图轮廓线

> **小技巧**：修剪命令"TR"，此时比较快捷的修剪方式是：选择对象时，用交叉窗口从右向左反选全部对象，选择要修剪的对象时，输入"f"，切换为围栏的方式，然后将直线与被修剪对象相交，完成命令。

命令：tr
TRIM
当前设置：投影＝UCS，边＝延伸
选择剪切边……
选择对象或＜全部选择＞：　指定对角点：找到 14 个
选择对象：
选择要修剪的对象，或按住 Shift 键选择要延伸的对象，或
[栏选(F)/窗交(C)/投影(P)/边(E)/删除(R)/放弃(U)]：　f
指定第一个栏选点：
指定下一个栏选点或[放弃(U)]：
……
选择要修剪的对象，……

2. 参考门窗表中的门窗高度，将墙体中的窗和墙体补绘完整
注意图层管理，墙体应用粗实线表示。
① 平面图中可见 A 轴一层剖切位置是窗 M1，高度为 2800，管理为门图层。
命令：ml
MLINE
当前设置：对正＝无，比例＝240.00，样式＝WINDOW

指定起点或[对正(J)/比例(S)/样式(ST)]：　＜对象捕捉　开＞

指定下一点：　2800

② A 轴一层剖切位置是窗 C1,高度为 2100,管理为窗图层。

命令:ML

MLINE

当前设置:对正＝上,比例＝240.00,样式＝WINDOW

指定起点或[对正(J)/比例(S)/样式(ST)]：

指定下一点：　＜正交　关＞　＜正交　开＞2100

③ 用墙体图层,粗实线绘制窗间被剖切墙体,并用图块填充示意门窗过梁及楼面梁。

④ 并按照此方法,依次将 C、D、F 轴墙体绘制完整(见图 9-103)。

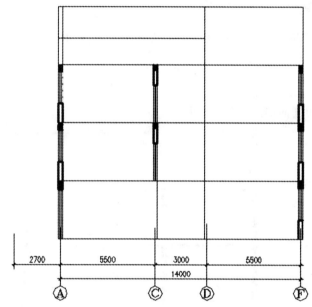

图 9-103　绘制屋面以下被墙体的剖面

3. 绘制楼盖及主要屋盖

① 剪切 D 轴与 F 轴之间的楼板线。

命令:tr

TRIM

当前设置:投影＝UCS,边＝无

选择剪切边...

选择对象或＜全部选择＞：　找到 1 个

选择对象:找到 1 个,总计 2 个

选择对象:

选择要修剪的对象,或按住 Shift 键选择要延伸的对象,或

[栏选(F)/窗交(C)/投影(P)/边(E)/删除(R)/放弃(U)]:e

输入隐含边延伸模式[延伸(E)/不延伸(N)]＜不延伸＞:e

选择要修剪的对象,或按住 Shift 键选择要延伸的对象,或

[栏选(F)/窗交(C)/投影(P)/边(E)/删除(R)/放弃(U)]:

> **小技巧**：修剪时，选择边界为 D 轴处墙线和 F 轴处墙线，但是 F 轴处墙线不连续，此时修剪时可以选择为边界延伸的方式，可以修剪去未直接与墙线相交的楼板线。

② 将楼面线分别向下偏移一个楼板的厚度，并填充出楼板。

命令：o

OFFSET

当前设置：删除源＝否　图层＝源　OFFSETGAPTYPE＝0

指定偏移距离或［通过（T）/删除（E）/图层（L）］＜通过＞：　100

选择要偏移的对象，或［退出（E）/放弃（U）］＜退出＞：

指定要偏移的那一侧上的点，或［退出（E）/多个（M）/放弃（U）］＜退出＞：

③ 用"H"命令填充楼板及主要屋面板。

> **小技巧**：在使用填充命令时，如果已经有很清晰的完整并且封闭的边界，选择填充范围时，用"拾取点" 边界 添加：拾取点 的方法更为方便。

绘制各层楼板的剖面如图 9-104 所示。

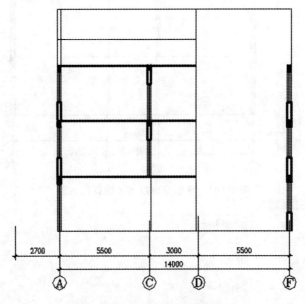

图 9-104　绘制各层楼板的剖面

4. 绘制楼梯剖面

① 根据平面图找到第一跑楼梯第一个踏步的位置和方向，用"L"直线命令，按照踏步的高度 150 和宽度 300 绘制第一个踏步（见图 9-105）。

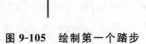

图 9-105　绘制第一个踏步

② 采用阵列命令"AR"可以快速绘制出第一跑楼梯（见图 9-106）。

ARRAY

指定行间距：　第二点：

指定列间距：　第二点：

指定阵列角度：　指定第二点：

选择对象:指定对角点:找到 2 个

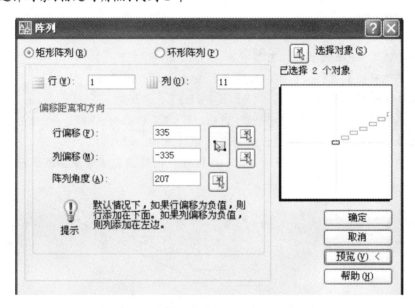

图 9-106　用阵列命令绘制第一跑楼梯踏步

> **小技巧**：此时,应设置行数为"1",列数为踏步总数,在屏幕上用光标拾取行偏移、列偏移及阵列角度。

③ 以最后一个踏步水平线为镜像线,用镜像命令"MI"绘制第二跑楼梯(见图 9-107)。

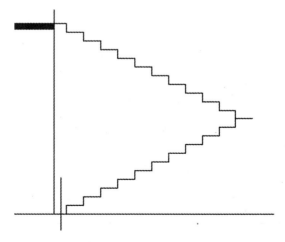

图 9-107　第一层楼的双跑楼梯踏步

命令：mi

MIRROR

选择对象:指定对角点:找到 22 个

选择对象:指定镜像线的第一点:指定镜像线的第二点:

要删除源对象吗?[是(Y)/否(N)]<N>:

④ 将踏步的折角点连线,并用偏移命令"o"画出踏步板底部的线,并绘制梯梁,稍作修整(见图 9-108)。

命令:o

OFFSET

当前设置:删除源＝否　图层＝源　OFFSETGAPTYPE＝0

指定偏移距离或[通过(T)/删除(E)/图层(L)]<通过>：100

选择要偏移的对象,或[退出(E)/放弃(U)]<退出>:

指定要偏移的那一侧上的点,或[退出(E)/多个(M)/放弃(U)]<退出>:

选择要偏移的对象,或[退出(E)/放弃(U)]<退出>:

梯段板的底部线如图 9-108 所示。第一层楼梯各构件的完成效果如图 9-109 所示。

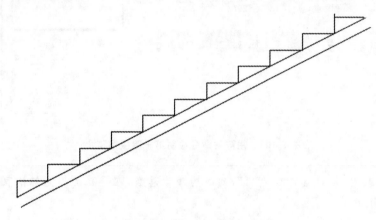

图 9-108　绘制梯段板的底部线

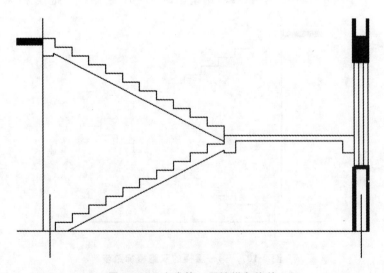

图 9-109　完成第一层楼梯各构件

⑤ 将剖切到的踏步板及平台板,用填充命令"H"填充被剖切的楼梯(见图 9-110)。

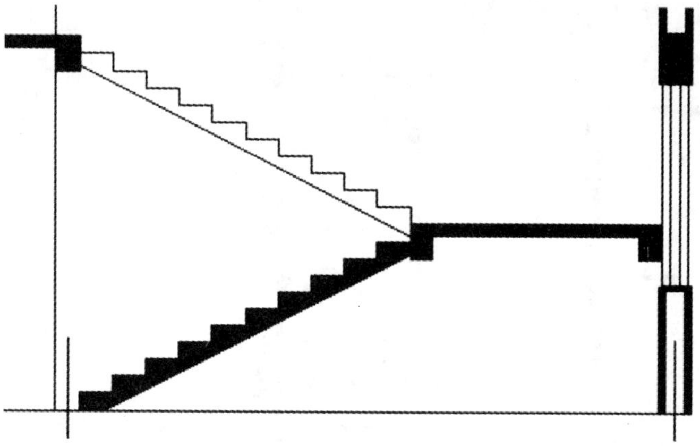

图 9-110　被剖切的楼梯用填充表示

小技巧:使用填充命令时,如果已经有很清晰的完整且封闭的边界,选择填充范围时,用"拾取点"的方法更为方便。若边界过于复杂不能选中,有两种方法:一是用多段线命令"pl",线宽设置为"0",封闭的描绘一遍边界,然后用 [添加:选择对象] 的方式点取该边界;二是用面域命令"reg"将零散的边界线定义为整体,然后用 [添加:选择对象] 的方式点取边界。

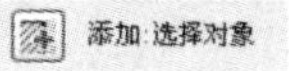

⑥ 将绘制好的一层楼梯复制到上面各层。注意,复制的时候找好特殊点作为基准点。复制完成后,由于底层楼梯和室内地坪交接处与上层楼梯构造的区别(见图 9-111),可以打开"对象捕捉"的"延伸"功能,绘制直线边界,并将此部分填充完整。

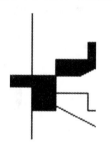

图 9-111　底层楼梯和室内地坪交接处与上层楼梯构造的区别

⑦ 绘制楼梯的栏杆,栏杆高度为 1050 mm。可以简单地使用直线"L"和复制"CO"等命令绘制。

⑧ 楼梯剖面的绘制完成(见图 9-112)。

5. 投影可见的门窗立面

在剖面投影方向,有部分门窗不被剖切,但是在投影方向有可见的立面。

C 轴与 D 轴之间,从一层至三层分别是 M3、M4、C1,尺寸分别为 1800 宽、2400 高,1800 宽、2400 高,1800 宽、1800 高,在 C、D 轴间居中。门、窗立面绘制方法,可参考立面图绘制过程,应使这几个门、窗在 C 轴、D 轴之间居中(见图 9-113)。

6. 根据一层平面图,绘制门厅剖面

分别绘制雨棚梁、柱立面,再绘制雨棚板及女儿墙剖面(见图 9-114)。

A 轴左侧 2700 处为门厅雨棚柱的轴线,以该轴线为中线绘制 300 直径柱投影线。

可以简单地使用直线"L"、填充"H"等命令绘制,此处不再赘述。

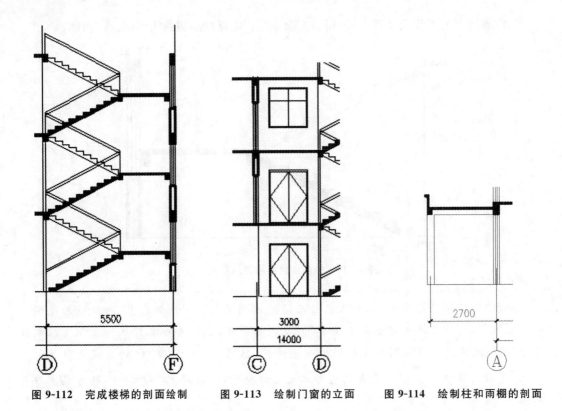

图 9-112　完成楼梯的剖面绘制　　图 9-113　绘制门窗的立面　　图 9-114　绘制柱和雨棚的剖面

7. 屋盖

按照建筑大样设计,分别绘制主要上人屋面 1.5 m 高女儿墙及压顶剖面,上人屋面楼梯间出口剖面图,及不上人屋面剖面图。屋盖剖面图的绘制如图 9-115 所示。

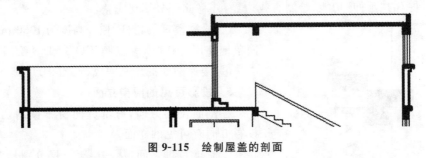

图 9-115　绘制屋盖的剖面

可以简单地使用直线"L"、填充"H"、多线"ML"、多断线"PL"等命令绘制,此处不再赘述。

8. 地坪

用多段线"PL"命令绘制地坪线,线宽至少设置为 100。

命令:pl

PLINE

指定起点:

当前线宽为 100

指定下一个点或[圆弧(A)/半宽(H)/长度(L)/放弃(U)/宽度(W)]:

9．尺寸标注

竖向标高的方法同立面图绘制过程。

完整的剖面图如图 9-116 所示，详图见附图 2。

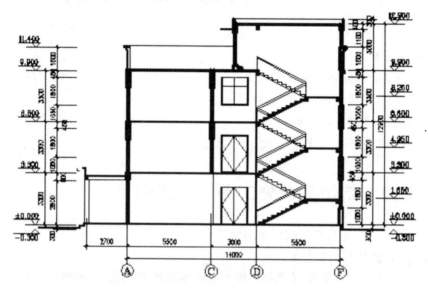

图 9-116 完整的剖面图

10．添加图名

参考前文，此处方法不再赘述（见图 9-117）。

1－1剖面图

图 9-117 添加图名

项目 10   结构施工图绘制实例

【学习要求】

本项目以"某工程结构施图纸"为例,详细讲解基础平面图、结构大样图的绘制过程和方法,包括绘图准备、定位轴线,墙体、基础及其他细部和尺寸标注等内容,与此同时也分别介绍多种绘图参数的选择。通过本项目的学习,熟悉和掌握 AutoCAD 绘制结构施工的方法,并对识读结构施工有一定的帮助。

10.1   某砌体结构基础施工图绘制实例

任务一:某卫生院住院楼基础平面图绘制。

1. 基础平面图绘制内容与要求

混凝土结构施工图一般都用建筑结构平面整体设计方法表示,各种结构构件平面图是结构施工图绘制的重要内容,混凝土结构平面布置图一般有:基础平面布置图、柱平面布置图、梁平面布置图、板平面布置图等。本节主要通过介绍某卫生院住院楼基础平面布置图的绘制方法,达到掌握结构平面图的绘制和识读结构施工图的目的。

1) 基础平面图绘制的内容

某卫生院住院楼为砌体结构形式,采用条形基础形式,设地圈梁。绘图内容包括:

① 绘制轴线;

② 绘制墙体;

③ 绘制基础;

④ 绘制圈梁;

⑤ 文字和尺寸标注(含文字、轴号、尺寸线、剖切号等)。

2) 基础平面图绘制的要求

(1) 线型的要求。

① 轴线:点画线、墙体、细实线、基础、细实线、圈梁、粗虚线。

② 线形比例:全局比例因子 1000。

(2) 绘图比例和尺寸的要求。

① 结构平面布置图比例不能小于 1∶100,一般按 1∶100 绘制。

② 基础绘制应按基础底板宽度绘制基础底板宽度轮廓线,基础台阶等细节不绘制。

2. 基础平面图的绘制方法与绘制过程

下面以某工程项目基础平面图为例介绍基础平面图的具体绘制步骤(见图 10-1),绘制完成后的详图见附图 1。

(1) 调用样板文件。

新建图形文件,单击下拉菜单"文件"→"打开",弹出如图 10-2 所示的"选择文件"对话

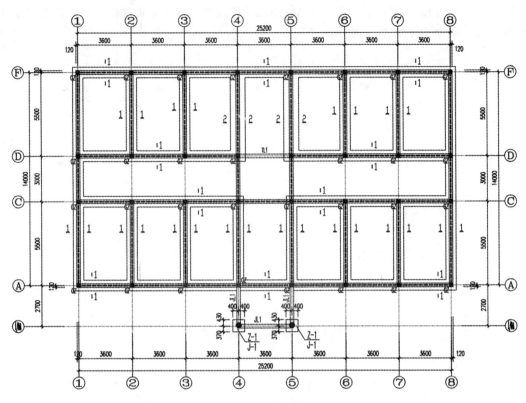

图 10-1　基础平面布置图

框,找到所需要使用的样板文件并选中,单击"打开"按钮,则可以调用之前创建的样板文件 (a2008.dwt)并打开。

图 10-2　样板文件的调用

　　然后单击"文件"→"另存为",弹出如图 10-3 所示的"图形另存为"对话框,选择一个合适的路径,并赋予文件名,将文件类型选择为"∗.dwg"并保存,即可以完成一个以".dwg"为扩展名的 CAD 图形文件的创建。该 CAD 图形文件包含所使用样板文件中设置的各项参数及预设的模块,然后就可以开始绘图了。

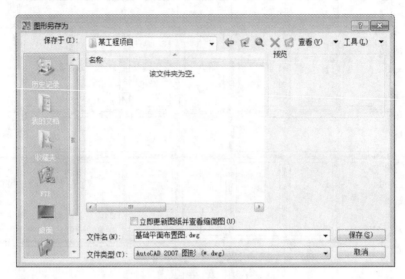

图 10-3 完成图形文件的创建

(2)图层管理设置。

打开图层特性管理器对话框,轴线和圈梁线为虚线,其他为细实线,墙线线宽 0.35,线宽为默认,全局线性比例为 100。打开"图层特性管理器"对话框,如图 10-4 所示,调整各图层的名称、颜色和线性。设置完成后,将轴线层设为当前层。

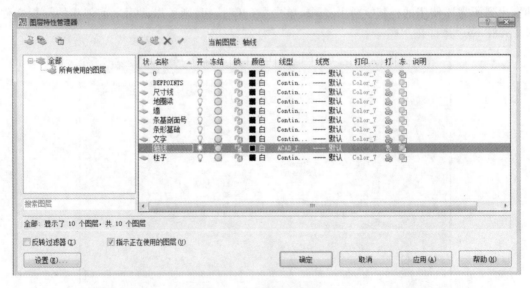

图 10-4 设置图层选项卡

(3)对象捕捉设置。

执行"工具"→"草图设置"命令,打开"草图设置"对话框,勾选如图 10-5 所示的选项后,单击确定按钮。

图 10-5　"草图设置"对话框

（4）绘制轴网。

执行"直线"命令，在水平面绘制一条长 26900 水平轴线，依次由上至下用偏移命令绘制水平轴线。在垂直面绘制一条长 16900 垂直线段，执行"阵列"命令向右复制 7 条，偏移距离 3600 的竖向轴线。如图 10-6 所示，完成轴网绘制。

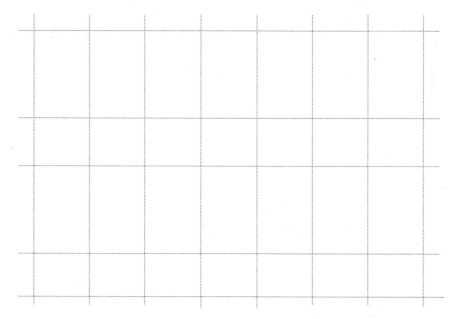

图 10-6　轴网绘制

（5）绘制墙体。

① 执行"多线"命令。将墙线图层设为当前图层，新建多线样式，可命名为"240"，打开多线修改对话框，在直线起点和端点打钩。并设置多线偏移量，如图 10-7 所示。完成多线

样式的设定,单击置为当前按钮,并把该样式置为当前。如图 10-8 所示。

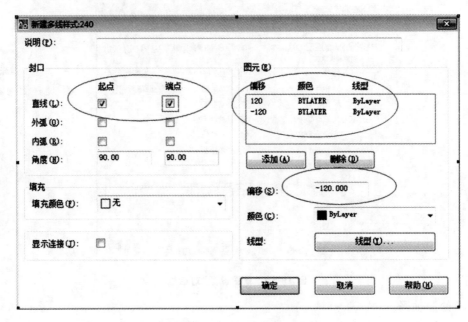

图 10-7　创建多线对话框

图 10-8　设置多线样式示意图

② 执行"多线"样式,输入"J",把多线样式的对正方式改为"无对正",如图 10-9 所示。绘制墙线,先画一部分墙体的墙线,如图 10-10 所示。

```
命令: ml
MLINE
当前设置: 对正 = 上, 比例 = 1.00, 样式 = 240
指定起点或 [对正(J)/比例(S)/样式(ST)]:  j

输入对正类型 [上(T)/无(Z)/下(B)] <上>:  Z
```

图 10-9　修改对正方式示意图

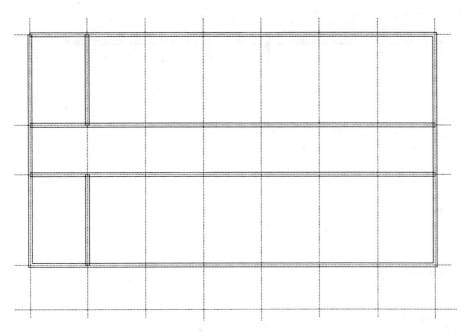

图 10-10　绘制部分墙线示意图

③ 执行"阵列"命令,把绘制好的部分墙体批量复制 6 个,偏移距离 3600,修改"阵列"对话框参数如图 10-11 所示,完成墙体的绘制(见图 10-12)。

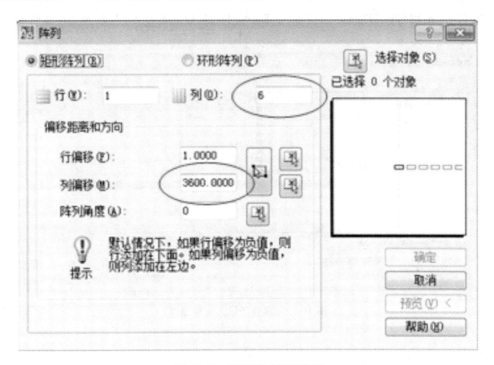

图 10-11　"阵列"对话框设置

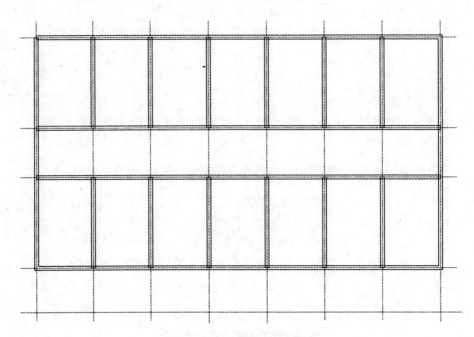

图 10-12　完成墙体的绘制

（6）绘制柱子。

① 打开"图层特性管理器"对话框，选择柱子图层，设为当前图层，如图 10-13 所示。

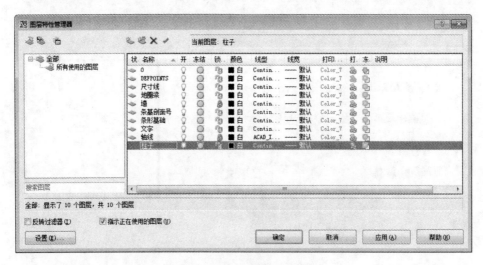

图 10-13　将柱子设为当前图层

② 执行"圆"和"矩形"命令，圆直径 250，矩形 240×240，并进行图案填充○ □→● ■。

③ 执行"复制"和"阵列"命令，将画好的方柱和圆柱插入所有角点，如图 10-14 所示。

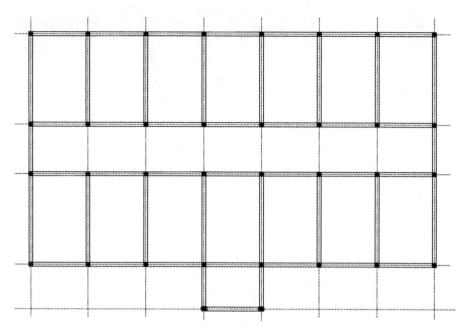

图 10-14　将画好的方柱、圆柱插入角点

（7）绘制基础。

①　将基础图层作为当前图层，执行"多线样式"，新建多线样式，命名为"700"，如图10-15 所示。修改多线样式偏移量，基础底板宽为 700，设置偏移量应为 $350 \times 2 = 700$，如图 10-16 所示。

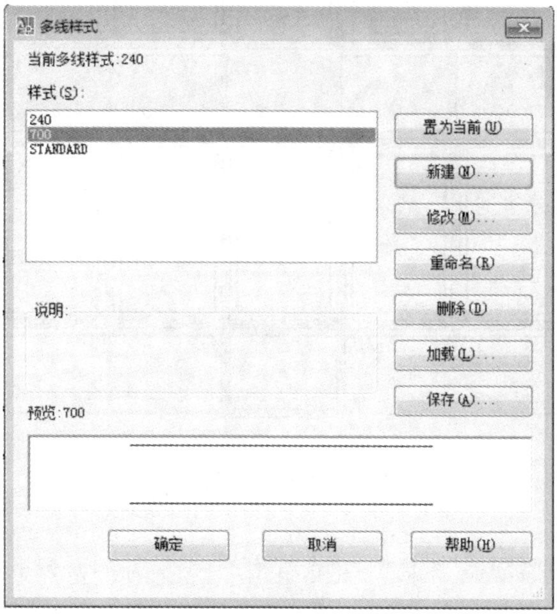

图 10-15　新建多线样式

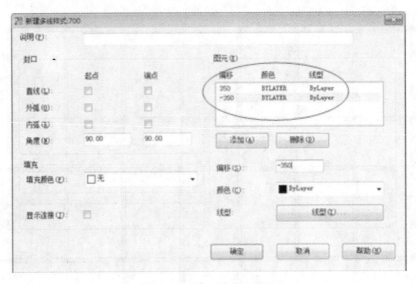

图 10-16　修改多线样式偏移量

② 执行"多线"和"阵列"命令绘制基础底板轮廓线,如图 10-17 所示。

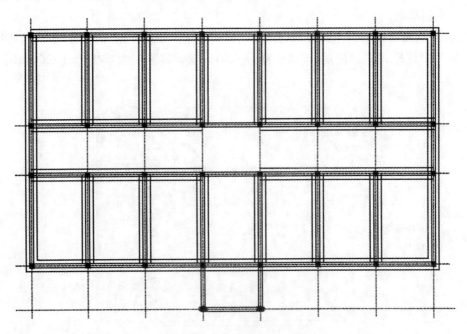

图 10-17　绘制基础底板轮廓线

③ 打开"图层特性管理器"对话框,单击灯泡的位置,并同时按下 Ctrl＋A 组合键,把除了条形基础图层外的其他图层灯关掉,如图 10-18 所示。只看到基础图层,如图 10-19 所示。

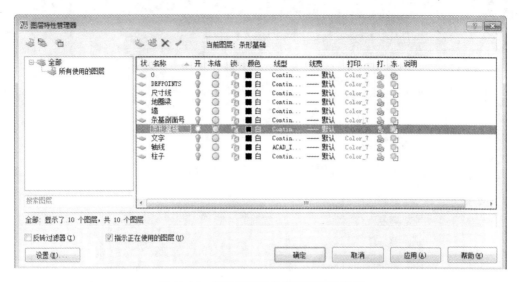

图 10-18　修改图层特性管理器灯泡设置

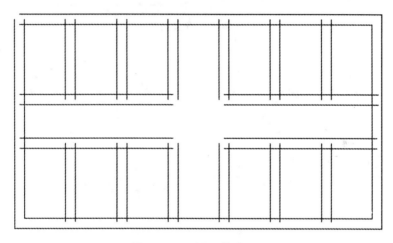

图 10-19　只显示基础图层

④ 执行"修改"→"对象"→"多线"命令,如图 10-20 所示。选择适合需要打通的节点图案,对相应的节点进行打通,其优点在于不用分解多线,如图 10-21 所示。打通 T 形节点时,选择"多线编辑工具"对话框的"T 形合并",再选择对象,选择对象的次序如图 10-22 所示。依次完成全部多线节点合并,如图 10-23 所示。打开"图层特性管理器"对话框,恢复所有图层的显示,如图 10-24 所示。

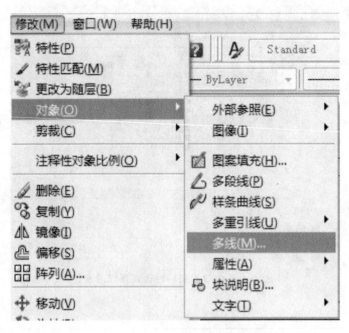

图 10-20　打开多线命令

图 10-21　"多线编辑工具"对话框

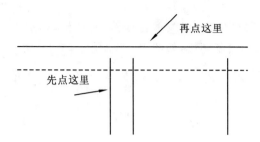

图 10-22 执行多线 T 形合并时选择对象

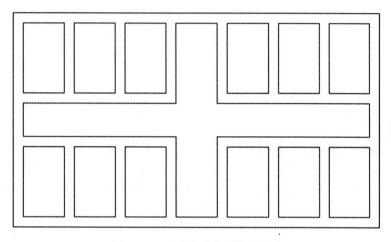

图 10-23 完成基础多线节点合并

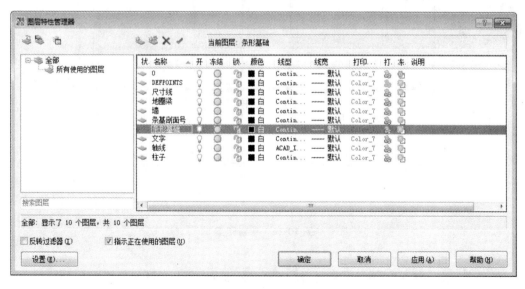

图 10-24 恢复其他图层的显示

（8）绘制圈梁。

打开"格式"→"线型"命令，弹出"线型管理器"对话框，如图 10-25 所示。加载虚线，并修改全局比例因子为 1000，绘制圈梁，如图 10-26 所示。

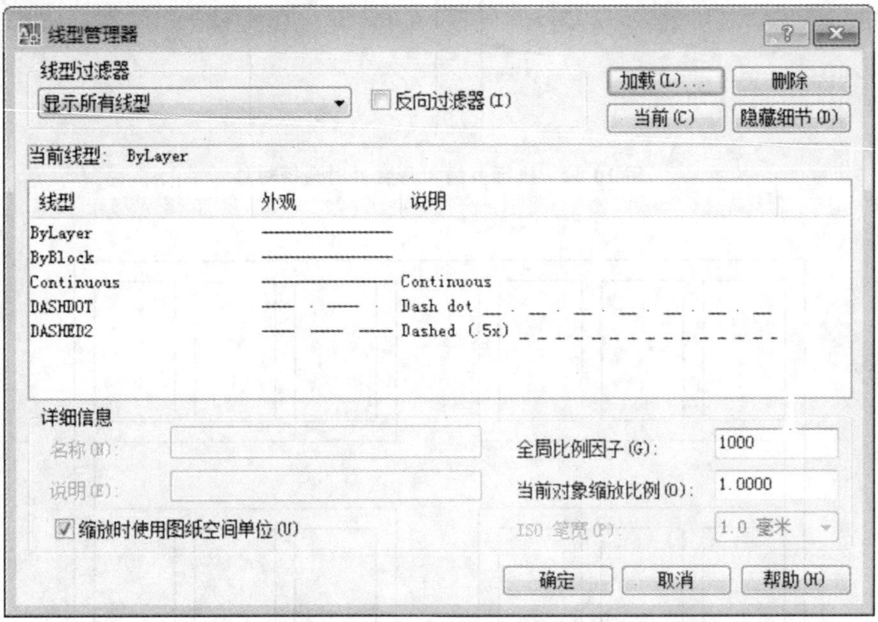

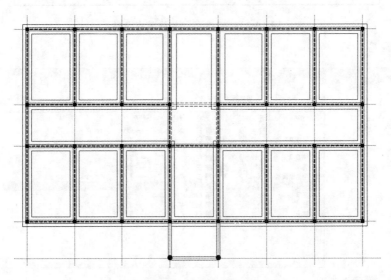

图 10-25　"线型管理器"对话框

图 10-26　绘制圈梁

（9）文字和标注。

① 执行"文字样式"命令，如图 10-27 所示。勾选大字体，选择探索者字体，该字体文件为"tssdeng. shx"，"tssdchn. shx"需加载到 CAD 的字库中，字体高度 300。

② 按项目 7 样板文字中所阐述设置好文字样式，在此处不再另行修改尺寸样式。

完成尺寸和文字的标注，参考前文，此处方法不再赘述。

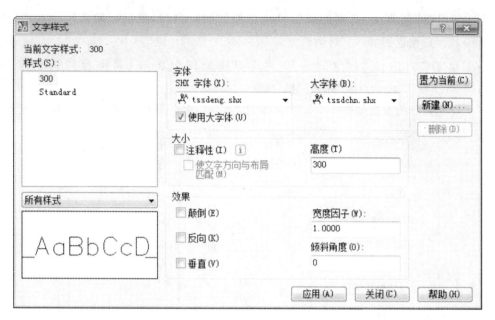

图 10-27 修改文字样式

10.2 某砌体结构大样绘制实例

任务一：楼梯配筋剖面大样。

1. 绘制一个台阶

执行"直线"命令，绘制"竖线长度＝150，水平线长度＝300"，结果如图 10-28(a)所示。

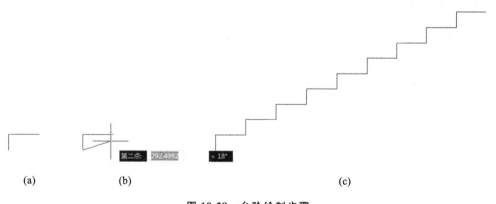

| (a) | (b) | (c) |

图 10-28 台阶绘制步骤

2. 阵列生成其他台阶

执行"阵列"命令，在弹出的"阵列"对话框中进行以下五步操作。

（1）选择"矩形阵列"，设置"行＝1，列＝8"。

（2）单击选择对象按钮 ，切换到图形窗口，选择所绘制的台阶为阵列对象，右击返回"阵列"对话框。

(3) 单击"阵列角度"右侧的按钮 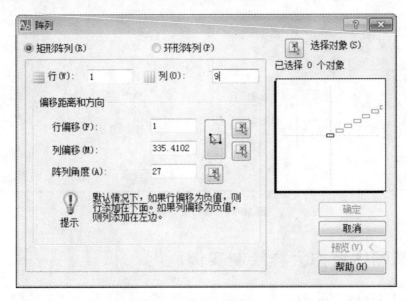，切换到图形窗口，捕捉台阶的两个端点（见图10-28(b)）后，自动返回"阵列"对话框。

(4) 单击"列偏移"右侧的按钮 ，切换到图形窗口，捕捉台阶的两个端点（见图10-28(b)）后，自动返回"阵列"对话框。

(5) 设置完成的参数如图10-29所示，单击"确定"按钮，阵列结果如图10-28(c)所示。

图 10-29 "阵列"对话框参数设置

3. 绘制楼梯板底线和楼梯梁

具体操作如下。

(1) 执行"直线"命令，捕捉生成台阶的两个端点绘制"线1"，如图10-30(a)所示。

(2) 执行"偏移"命令，将"线1"向下偏移100生成梯板线，如图10-30(b)所示，删除"线1"。

(3) 执行"矩形"命令，绘制两个矩形梯梁，宽240，高400。

(4) 执行"修剪"命令，修剪后效果如图10-30(c)所示。

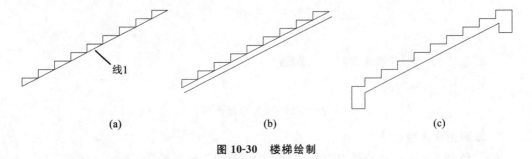

(a)　　　　　　　　(b)　　　　　　　　(c)

图 10-30 楼梯绘制

4. 绘制楼梯底板钢筋

(1) 执行"偏移"命令，楼梯板底线偏移"25"，如图10-31(a)所示。

(2) 执行"多段线"命令，绘制多段线，如图10-31(b)所示。

第一步：制定线宽20，沿着刚才偏移好的线绘制具有厚度为20的多段线。

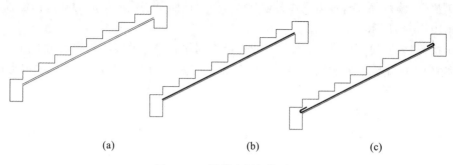

图 10-31 楼梯底板钢筋绘制

第二步:多段线的两个端点设置弯钩。选择圆弧,设置圆弧角度为 180 度,设置圆弧的弦方向 115,如图 10-32。

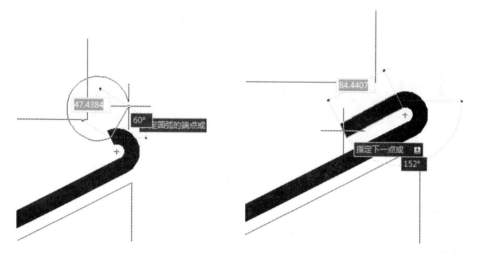

图 10-32 多段线两个端点的设置

第三步:选择多段线直线继续画一段直线。

第四步:完成楼梯底板钢筋绘制,如图 10-31(c)。

5. 绘制楼梯底板负钢筋

(1) 执行"偏移"命令,楼梯板底板钢筋偏移 50,如图 10-33(a)所示。

(2) 执行"打断"命令,选择如图 10-33(b)所示的两个点,把钢筋长度从中间打断约三分之一,如图 10-33(b)所示。

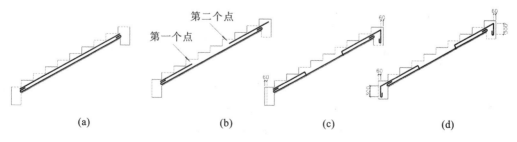

图 10-33 楼梯底板负钢筋绘制

（3）执行"偏移"命令，每边梁边各偏移60，作为板面负筋锚入支座的画弯钩位置的辅助线，如图10-33(c)所示。

（4）执行"多段线"命令，设置线宽为20，沿着刚才偏移好的线绘制线宽为20的多段线。在多段线的两个端点设置弯钩。选择圆弧，制定圆弧角度为180度，制定圆弧的弦方向115，如图10-33(d)所示。

6. 完善尺寸和标注

（1）绘制直径为25的圆并填充。把填充好的钢筋○ ●复制多个到图中，如图10-34(a)所示。

（2）把已画好的钢筋复制到大样的外面，如图10-34(b)所示。

（3）完善文字和尺寸标注，如图10-34(c)所示。

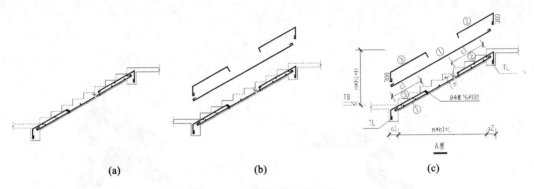

(a)　　　　　　　　(b)　　　　　　　　(c)

图 10-34　楼梯钢筋大样完善

任务二：悬臂梁大样。

1. 画梁轮廓线

执行"矩形"命令，矩形以长2500、宽400绘制悬挑梁，并绘制部分墙体线。

2. 画钢筋

（1）执行"偏移"命令，矩形向内偏移35。

（2）执行"分解"命令，并删除最左边的一根矩形边线，如图10-35所示。

（3）执行"偏移"命令，从悬挑梁外边偏移240作为封口梁线，从封口梁偏移50。

（4）执行"旋转"命令，旋转45度，绘制弯起钢筋斜段线，如图10-35所示。

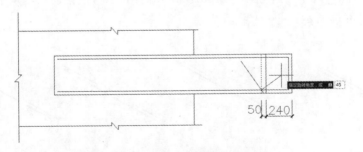

图 10-35　绘制悬挑梁和钢筋轮廓线

（5）执行"偏移"、"旋转"和"修剪"等命令，完成钢筋线位置的确定，如图10-36所示。

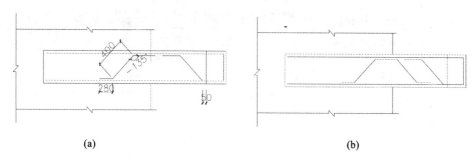

图 10-36 绘制钢筋轮廓线

（6）执行"多段线"命令，线宽 20。沿着已确定好的钢筋位置绘制钢筋，如图 10-37 所示。

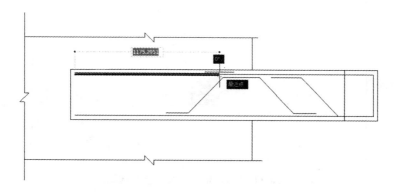

图 10-37 用多段线绘制钢筋轮廓线

（7）执行"偏移"和"多段线"命令，完成如图 10-38 箍筋的绘制。

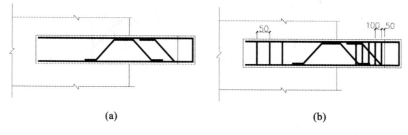

图 10-38 箍筋的绘制

3. 墙体填充

执行"填充"命令，打开"图案填充和渐变色"对话框，单击 按钮，选择墙体，按图 10-39 所示设置图案和比例参数，完成墙体的填充，如图 10-40 所示。

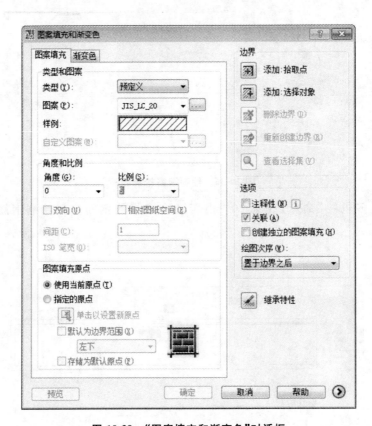

图 10-39　"图案填充和渐变色"对话框

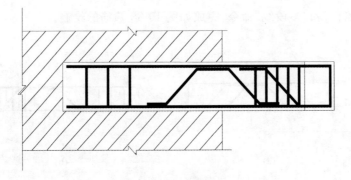

图 10-40　墙体填充

4. 图形放大

执行"缩放"命令,把图形放大 4 倍,如图 10-41 所示。

5. 文字和尺寸标注

执行"文字"和"标注"命令,完成该大样图的文字和尺寸标注。注意调整文字标注里的测量比例因子,应改成 0.25,如图 10-42 所示。

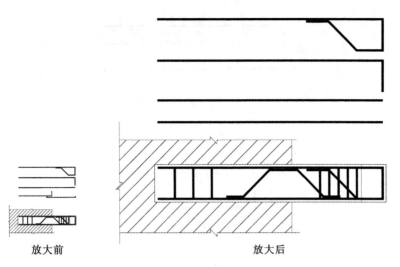

放大前   放大后

图 10-41 图形放大

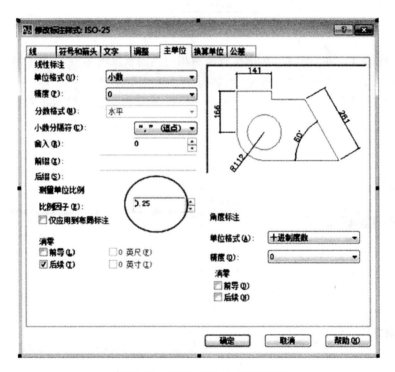

图 10-42 "修改标注样式"对话框

6. 注写图标

完成悬挑梁大样的绘制,如图 10-43 所示,砖混悬臂梁节点大样详图见附图 1。

任务三:绘制楼板结构图。

1. 绘制板底钢筋

执行"多段线"命令,设置线宽为 60,步骤如下。

第一步:从右往左绘制一段长度约为 250 的水平线,继续多段线命令不退出。

第二步:输入"a",执行圆弧,输入角度 90,如图 10-44(a)所示。

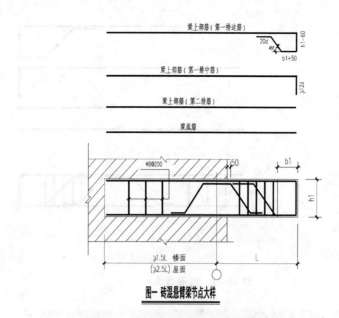

图 10-43　悬挑梁钢筋大样

第三步：输入"L"，执行直线，从左往右绘制相应钢筋长度的直线段，如图 10-44(b)所示。

第四步：输入"a"，执行圆弧，输入 90，如图 10-44(c)所示。

第五步：输入"L"，执行直线，从右往左绘制一段长度约为 250 的水平线，如图 10-44(d)所示。

第六步：结束命令。

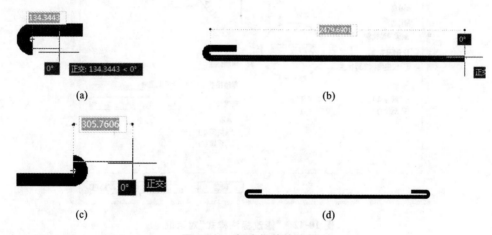

(a)　　　　　　　　　　　　　　　　(b)

(c)　　　　　　　　　　　　　　　　(d)

图 10-44　板底钢筋的绘制

2. 绘制板面负钢筋

执行"多段线"命令，默认线宽 60，打开正交开关，步骤如下。

第一步：从下往上绘制一段约为 150 长度的竖向直线，继续多段线命令不退出。

第二步：向右绘制相应钢筋长度的水平线，如图 10-45(a)所示。

第三步：向下绘制 150 长度的竖向直线，如图 10-45(b)所示。

第四步：结束命令。

(a)

(b)

图 10-45　支座负筋绘制

3. 标注钢筋

（1）执行"文字样式"，修改参数，如图 10-46 所示。

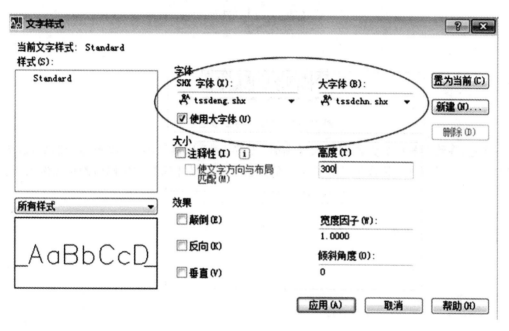

图 10-46　修改文字样式

（2）执行"单行文字"命令，标注钢筋 Φ8@200 时，应输入％％1308@200。

以下为其他符号表示方法。

① ％％c→符号 φ

② ％％d→度符号

③ ％％p→±号

④ ％％u→下划线

⑤ ％％130→Ⅰ级钢筋

⑥ ％％131→Ⅱ级钢筋

⑦ ％％132→Ⅲ级钢筋

⑧ ％％133→Ⅳ级钢筋

⑨ ％％130％％145ll％％146→冷轧带肋钢筋

⑩ ％％130％％145j％％146→钢绞线符号

（3）用此方法完成楼板钢筋布置图，图 10-47 所示为楼梯间屋面板配筋图，详图见附

图 1。

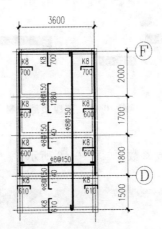

楼梯间屋面板配筋图

图 10-47　楼梯间屋面板配筋图

　　注意:在绘制相应放大比例的大样图时,先按 1:1 比例绘图,完成图形绘制后,放大相应的倍数,最后再进行标注尺寸和文字。值得注意的是尺寸标注时要修改测量比例因子。

项目 11　软 件 扩 展

【学习要求】

天正系列软件是在 AutoCAD 平台下二次开发的软件,与 AutoCAD 软件有着基本一致的界面和命令,而且比 AutoCAD 软件有着更高的绘图效率。因此,要求大家能用天正软件绘制建筑平面图、立面图和剖面图。

11.1　了解天正建筑

11.1.1　天正建筑软件简介

天正系列软件是由北京天正工程软件公司开发的一套工程制图的软件。天正系列软件全部是在 AutoCAD 平台下二次开发的。从 1994 年开始,北京天正工程软件公司就在 AutoCAD 图形平台上开发了一系列建筑、结构、给排水、暖通、电气等专业制图软件,这些软件中天正建筑软件应用最为广泛。近十年来,天正建筑软件版本不断推陈出新,深受中国建筑设计界的推崇。在中国内地的建筑设计领域,天正建筑软件已成为通用的设计制图软件。

由于天正建筑制图软件是在 AutoCAD 平台下二次开发的,所以其与 AutoCAD 软件有着基本一致的界面和命令,天正建筑制图软件在绘制建筑施工图,特别是绘制建筑平面图、立面图和剖面图及尺寸、符号标注方面有着极高的效率,所以在学习 AutoCAD 建筑制图的基础上进一步学习天正建筑制图软件是十分必要的。

11.1.2　天正建筑软件的主要功能

1. 平面图

平面图设计从轴线开始,墙线是根本。

绘制直线轴网和弧线轴网,再配合轴线的添加、移动、修剪等修改编辑工具,保证设计师可以完成任意轴网布置同时天正软件可以沿轴线轻松绘制期望的单墙线、双墙线,执行插入或替换柱子、插入或替换门窗等命令。

2. 立面图

设计者可以将平面图自动生成立面图,再用立面图绘图工具加以补充和丰富。

"插标准层"使用户可以轻松获得多层立面图,也可以根据不同平面获得各层不同的立面图。插入门窗、变换尺寸、更换样式等操作都十分简单。"屋面绘制"采用参数化对话框,用户可以在十几种屋顶形式中任意选取所需,地坪线、雨水管、台阶剖面等都有专用命令。

3. 剖面图

自动剖切生成剖面图,也可以使用绘图工具进行补充和编辑。

剖面图与立面图在生成过程上很相似,但剖面图有剖切实体和可见物体之分,天正建筑已经考虑了这些问题,用户可以选择是否需要可见部分。至于楼梯、屋顶、楼板、地坪和门窗都可以选用相应的命令轻松获得。

4. 详图

在房间中轻松绘制厨房和卫生间设施。

依靠图库中提供和自建的各种洁具、设施图块,通过插入进行厨房和卫生间的布置,采用人机对话的方式,给定参数后软件自动生成布置图。

5. 三维模型

从平面图自动生成三维模型。

设计者可以从平面图直接生成三维模型,然后利用门窗、墙体、楼梯、屋顶、3D 编辑和建模工具完善图纸。建好的模型可以在同样以 AutoCAD 为平台的 ACCURENDER 中继续绘制或导入 3DSMAX 进行渲染。

6. 规划设计和日照分析

天正建筑还可以用于规划设计绘图。道路绘制、各种总图符号及搜屋顶线所确定的建筑物外形等命令工具,可以方便地绘制总规划图。日照分析工具提供了计算日照窗、阴影轮廓线、单点多点分析、逐时显示等多项功能。

7. 尺寸标注

天正建筑提供的尺寸标注工具为用户考虑得十分周到。从轴线标注到门窗、洁具标注,还有逐点、两点、墙中、墙厚、沿直墙注、等距注墙等,标注数值可以自动上下调节。像其他工具一样,尺寸标注也有很多编辑工具,如标注延伸、平移、纵移、断开、合并、改值等。天正建筑软件具有操作简单,内容丰富等特点。

8. 标高标注

标高标注包括智能化的标高和符号标注。

标高标注和地坪标注只需用鼠标一点即可获得,其值以图中所选点的实际坐标值为默认值,用户也可以进行更改。符号标注中包括索引号、剖切号、图名、指北针、箭头、对称轴引注和作法标注等,这些绘图工具都符合国家的有关规范。

9. 图库系统

天正图库分为系统图库和用户图库两部分,系统图库是天正建筑软件提供给用户的常用图库。自建和收集图库是设计者重要的资料积累,因此天正允许使用者建立用户图库,可单图或多图入库并自动建立幻灯片。软件升级时,只需将用户图库拷贝到新版本的安装目录即可继续使用,是很实用的建筑专业图库。

10. 文字

文字菜单中"字型参数"用于制定全部中英文字体的参数,用户可以在两种字体之间任选其一,包括矢量字体和系统". ttf"字体。默认汉字为十分节省资源的 HZTXT 矢量字。用户直接将其他文档编辑软件中生成的". Txt"文件,如设计说明等引入图纸。软件的文字编辑命令也很丰富,有横排、竖排、曲排、字变、上下标、统一字高、单词旋转、GB-BIG5 字体互转等。

11. 绘制表格

表格的核心是表头,用户绘制表格要从表头入手,用户可以在天正软件中保存表头以备将来调用。绘制好的表格能够添加或减少行列、拖动复制格线。表中文字录入方便,序号自动生成,文字可以直接按行列输入、也可以从表格中点取或词库中选择,具有符合规范,形式多样的特点。

12. 布图出图

天正建筑软件很好地解决了在同一张图纸上绘制不同比例图的问题。依靠"出图比例"命令定制每个图形的出图比例,然后在两种布图方式中选择其一:窗口布图和图块布图,前者更加灵活。"插入图框"对话框可以定义出任意尺寸的图纸,图签、会签可以按本单位的需要重新指定修改。

利用天正建筑的"出图"命令输出图纸,轴线在打印时将自动变成点画线,各种线段的输出宽度由用户自定义,具有灵活、方便、直观的特点。

13. 接口-条件图

专业之间相互协作,可将其他图转成天正图,可为结构和设备专业输出条件图,也可以把其他软件绘制的图形转换为天正图。

14. 常用工具

在这个菜单中天正建筑提供了很多公用的修改和编辑工具,有与图层相关的修改命令,也有关于线、图块、图案的编辑命令。

11.1.3 天正建筑软件的安装与使用

天正建筑软件目前有多种版本,本项目将介绍天正建筑 7.5 版的安装和使用。

1. 安装天正建筑 7.5 版

天正建筑软件是在 AutoCAD 平台下二次开发的,安装天正建筑软件需要预装 Auto-CAD 软件。天正建筑 7.5 版可以在 AutoCAD2007、AutoCAD2008、AutoCAD2009 等多个图形平台下安装运行。

首先要安装 AutoCAD,安装完成后方可安装天正建筑 7.5 版。在 Windows 系统下双击天正建筑 7.5 版软件包中的"Setup.exe"文件,根据安装向导程序的屏幕提示就能够完成安装,如图 11-1、图 11-2、图 11-3 所示,安装完成后会在桌面上生成快捷图标。

图 11-1 安装天正建筑 7.5 版界面

2. 天正建筑 7.5 版界面与命令

完成安装后可进入天正建筑 7.5 版绘图界面,如图 11-4 所示。由图可知,天正建筑界面与 AutoCAD 的界面组成基本相同。由于天正建筑是运行在 AutoCAD 之下的,所以天正

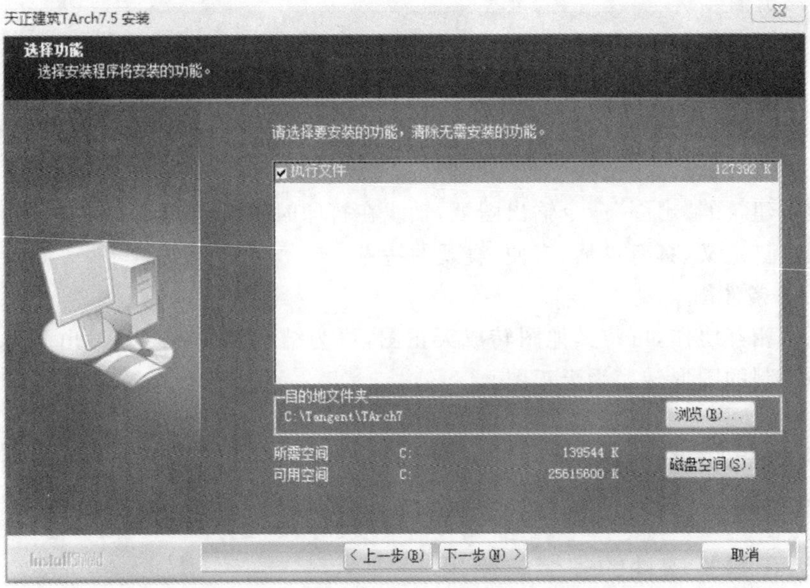

图 11-2 安装天正建筑 7.5 版——安装路径

图 11-3 安装天正建筑 7.5 版——安装进度显示

建筑的界面只是在 AutoCAD 的基础上增加了一些专门绘制建筑图形的命令,这些命令显示在屏幕左侧。在增加的天正工具栏中,包含轴网柱子、墙体、门窗、房间屋顶等一级菜单(见图 11-5),在每个一级菜单中还包含有若干个二级菜单,如轴网柱子菜单中包含绘制轴网、轴网合并、墙生轴网等二级菜单,有的二级菜单还包含有三级菜单。单击相应菜单即可进入对应的命令。

除了使用屏幕菜单中的工具按钮调用命令的方法外,天正建筑还可以通过在命令行输

图 11-4　天正建筑界面

入命令的方式进行人机对话。为了符合中国人的使用习惯,天正建筑的命令名称都是使用其中文名称的每一个汉字拼音的首字母来表示的。例如,要调入"门窗"命令,可以在命令行中输入"MC",系统就会进入绘制门窗状态。

如果对天正建筑命令的使用功能不太熟悉,可以将鼠标移到某一命令按钮上,这时在屏幕最下方就会显示该命令的功能简介及该命令的简称。例如将鼠标指针指向门窗按钮,屏幕最下方就会显示"在墙上插入各种门窗:MC"。

在天正建筑屏幕菜单的"帮助"选项中可以得到天正建筑的在线帮助、教学演示及常见问题等内容。

3. 天正建筑与 AutoCAD 的异同

（1）兼容性。

图 11-5　天正工具栏

天正建筑是在 AutoCAD 平台下经过二次开发的软件,一般情况下天正建筑软件与 AutoCAD 有较好的兼容性。二者绘制的文件均为".dwg"格式,但是使用 AutoCAD 打开天正建筑绘制的文件可能会出现显示不全的现象,天正建筑软件则可以完全兼容 AutoCAD 绘制的文件。

（2）差异性。

天正建筑与 AutoCAD 的差异在于:天正建筑是针对建筑制图开发的,而 AutoCAD 则是通用设计软件,广泛应用于各个设计领域。所以说天正建筑软件具有更强的专业性,使用它绘制建筑图更加方便、快捷,但是 AutoCAD 是天正建筑的基础与核心,要想更好地使用天正建筑软件,学习 AutoCAD 是必不可少的。

（3）命令的异同。

天正建筑除了所特有建筑制图命令菜单以外,其余菜单命令、快捷命令与 AutoCAD 完全一致。因此,学习了 AutoCAD 后再来学习天正建筑软件是没有任何障碍的。

11.1.4　天正建筑通用工具命令

天正建筑在"工具"图标菜单中提供了一些通用工具命令,这些命令与 AutoCAD 命令类似,但较 AutoCAD 的命令功能有所增强。单击天正主菜单下"工具"按钮打开"工具"菜单,其中提供了"自由复制"、"连接线段"、"图形裁剪"、"道路绘制"等多个实用命令。这些命令操作起来非常便捷,更加适合建筑制图。

1. 自由复制

"自由复制"命令用于动态连续地复制对象。对 AutoCAD 对象与天正建筑对象均起作用,能在复制对象之前对其进行旋转、镜像、改插入点等灵活处理,而且默认为多重复制,比 AutoCAD 的"复制"命令功能更强大。

例如将图 11-6 中 A 的沙发复制出另外两个完成图 B。

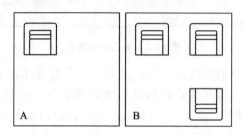

图 11-6　自由复制

单击"自由复制"按钮,命令行提示如下。

请选择要拷贝的对象:选中 A 图中沙发

点取位置或{转 90 度[A]/左右翻[S]/上下翻[D]/对齐[F]/改转角[R]/改基点[T]}<退出>:向右移动鼠标单击,插入一个沙发

点取位置或{转 90 度[A]/左右翻[S]/上下翻[D]/对齐[F]/改转角[R]/改基点[T]}<退出>:向下一定鼠标输入"d"同时单击鼠标,插入另外一个沙发

点取位置或{转 90 度[A]/左右翻[S]/上下翻[D]/对齐[F]/改转角[R]/改基点[T]}<退出>:

2. 自由移动

"自由移动"命令用于动态地移动、旋转和镜像。对 AutoCAD 图形与天正建筑图形均起作用,能在移动对象就位前使用键盘先对其进行旋转、镜像、改插入点等灵活处理。

单击"自由移动"按钮,命令行提示如下。

请选择要移动的对象:选取要移动的对象

点取位置或{转 90 度[A]/左右翻转[S]/上下翻转[D]/改转角[R]/改基点[T]}<退出>:点取位置或输入相应字母进行其他操作

"自由移动"与"自由复制"使用方法类似,但不生成新的对象。

3. 移位

"移位"命令用于按照指定方向精确移动图形对象的位置,可提高移动效率。

单击"移位"按钮,命令行提示如下。

请选择要移动的对象:选择要移动的对象,回车结束请输入位移(x、y、z)或{横移[X]/纵移[Y]/竖移[Z]}<退出>：

如果用户仅仅需要改变对象的某个坐标方向的尺寸,无需直接键入位移矢量,可输入"X"或"Y"、"Z"选项,指出要移位的方向,比如键入"X",进行竖向移动,命令行有如下提示。

横移<0>：在此输入移动长度或在屏幕中指定,注意正值表示右移,负值左移。

则完成指定的精确位移。

4. 自由粘贴

"自由粘贴"命令用于粘贴已经复制在剪裁板上的图形,可以动态调整待粘贴的图形。对 AutoCAD 图形与天正建筑对象均起作用,能在粘贴对象之前对其进行旋转、镜像、改插入点等灵活处理。

单击"自由粘贴"按钮,命令行提示如下。

点取位置或{转 90 度[A]/左右翻[S]/上下翻[D]/对齐[F]/改转角[R]/改基点[T]}<退出>：

点取位置或者输入相应字母进行各种粘贴前的处理。

可将图形对象贴入图形中的指定点。

此命令基于粘贴板的复制和粘贴,主要是为了在多个文档或者在 AutoCAD 与其他应用程序之间交换数据而设立的。

5. 线变复线

"线变复线"命令用于将若干段彼此衔接的线(Line)、弧(Arc)、多段线(Pline)连接成整段的多段线(Pline)。

单击"线变复线"按钮,命令行提示如下。

请选择要连接成 POLYLINE 的 LINE(线)和 ARC(弧)<退出>：选择要连接的图线

选择对象：回车结束选择

则将所选择线连接为多段线。

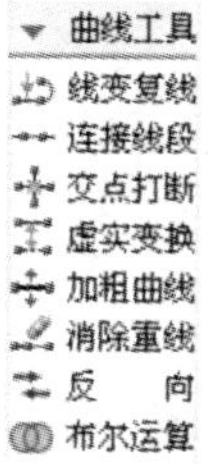

图 11-7　Pline 编辑

6. Pline 编辑

Pline 多段线的应用在天正建筑软件中十分普遍,天正建筑的许多功能都要通过多段线实现,如各种轮廓、轨迹、基线等,有了 Pline 的编辑命令,就可以获得更为丰富的造型手段。如图 11-7 所示。菜单中有四个多段线编辑的命令。

（1）反向。

"反向"命令可以对多段线的方向进行逆转。

单击"反向"按钮,命令行提示如下。

选择要反转的 pline：选择多段线

Pline 现在变为逆时针!

多段线(Pline)经常被用于表示路径或断面,因此线的生成方向影响到路径曲面的正确生成,本功能用于改变 Pline 线方向,即顶点的顺序,而不必重新绘制。

（2）并集。

"并集"命令用于对两段相交的封闭 Pline 做并集运算,运算的结果将合并为一条多段线。

单击"并集"按钮,命令行提示如下。

　　选择第一根封闭的多段线:选择第一根

　　选择第二根封闭的多段线:选择第二根

系统对选择的两个多段线区域进行指定的布尔运算,运算结果也是封闭的多段线,如图 11-8 所示。

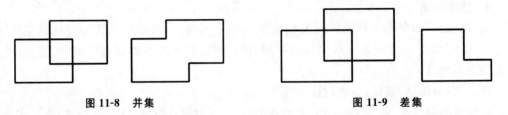

　　图 11-8　并集　　　　　　　　　　　　　　　　　图 11-9　差集

（3）差集。

"差集"命令用于对两段相交的封闭 Pline 做差集运算,运算的结果仍然产生一条多段线。

命令的使用方式与"并集"相同。

差集运算结果如图 11-9 所示。

（4）交集。

"交集"命令用于对两段相交的封闭 Pline 做交集运算,运算的结果仍然产生一条多段线。

命令的使用方式与"并集"相同。

交集运算结果如图 11-10 所示。

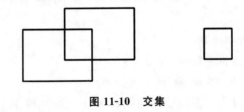

图 11-10　交集

7. 连接线段

"连接线段"命令用于连接位于同一条直线上的两条线段或弧。

单击"连接线段"按钮,命令行提示如下。

　　请拾取第一条 LINE(线)或 ARC(弧)<退出>:点取第一条直线或弧

　　再拾取第二条 LINE(线)或 ARC(弧)进行连接<退出>:点取第二条直线或弧

如果两条线位于同一直线上,或两条弧线同圆心和半径,或直线与圆弧有交点,就可以将它们连接起来。

8. 交点打断

"交点打断"命令用于打断相交的直线或弧(包括多线段),前提是相交的线或弧位于同一平面上。

单击"交点打断"按钮,命令行提示如下。

　　请点取要打断的交点<退出>:点取线或弧的交点

交点中的线段被打断,通过该点的线或弧变成为两段,如果相交线段是直线,可以一次打断多条线段,如果是多段线每次只能打断其中一条线。

9. 虚实变换

"虚实变换"命令使对象(包括图块)中的线型在虚线与实线之间进行切换(见图 11-11)。

图 11-11 虚实变换

单击"虚实变换"按钮,命令行提示如下。

请选取要变换线型的图元<退出>:用任一选择图元的方法选取

则原来线型为实线的变为虚线;原来线型为虚线的变为实线。

本命令不适用于天正图块。如需要变换天正图块的虚实线型,应先把天正图块分解为标准图块。若虚线的效果不明显,可使用系统变量 LTSCALE 调整其比例。

10. 加粗实线

"加粗实线"命令用于将图线按指定宽度加粗(见图 11-12)。单击"加粗实线"按钮,命令行提示如下。

━━━━━━━━━ ████████████

图 11-12 加粗实线

请指定加粗的线段:选择要加粗的线和圆弧

选择对象:回车结束选择

线段宽<50>:给出加粗宽度 100

则图线按照指定宽度加粗。

11. 消除重线

"消除重线"命令用于消除多余的重叠线条。单击"消除重线"按钮,命令行提示如下。

选择对象:指定对角点:找到 2 个

对图层 0 消除重线:由 2 变为 1

参与处理的重线包括:直线、圆、圆弧的搭接、部分重合或全部重合的线条。对于多段线的处理,用户必须先将其分解成直线,才能参与处理。

12. 测量边界

"测量边界"命令用于测量选定对象的外边界。单击测量边界按钮,命令行提示如下。

副本选择对象:找到 1 个

X=815.85; Y=608.349; Z=0

单击菜单选择目标后,提示所选择目标的最大边界的 X 值,Y 值和 Z 值,并以虚框表示对象最大边界,包括图上的文字对象在内。

13. 统一标高

"统一标高"命令用于整理二维图形,包括天正平面、立面、剖面图形,使绘图中避免出现因错误的取点捕捉,造成各图形对象 Z 坐标不一致的问题。

单击"统一标高"按钮,命令行提示如下。

是否重置包含在图块内的对象的标高？（Y/N）[Y]：按要求以 Y 或 N 回应

选择需要恢复零标高的对象：选择对象

14. 搜索轮廓

"搜索轮廓"命令在二维图中自动搜索出内外轮廓，在上面加一圈闭合的粗实线，如果在二维图内部取点，搜索出点所在闭合区内轮廓，如果在二维图外部取点，搜索出整个二维图外轮廓。

单击"搜索轮廓"按钮，命令行提示如下。

选择二维对象：选择 AutoCAD 的基本图形对象，不支持天正对象。

此时移动十字光标在二维图中搜索闭合区域，同时反白预览所搜索到的范围。

点取要生成的轮廓<退出>：点取后生成轮廓线。

15. 图形剪裁

"图形剪裁"命令可以一次修剪掉指定区内的所有图线或部分图块（见图 11-13）。

单击"图形剪裁"按钮，命令行提示如下。

请选择被裁剪的对象：单击图块

矩形的第一个角点或{多边形裁剪[P]/多段线定边界[L]/图块定边界[B]}<退出>：选择矩形第一角点

另一个角点<退出>：第二角点

图中重叠部分的树被剪掉，如图 11-13 所示。如果需裁剪的形状不规则，可以选用"多边形裁剪"选项。

图 11-13　图形剪裁

16. 图形切割

"图形切割"命令用于从图形中切割出一部分，图形切割后不破坏原有图形（见图 11-14）。

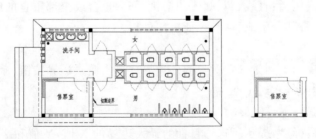

图 11-14　图形切割

单击"图形切割"按钮，命令行提示如下。

矩形的第一个角点或{多边形裁剪[P]/多段线定边界[L]/图块定边界[B]}<退出>：沿图所示的虚线矩形框位置点取第一个角点

另一个角点<退出>：输入第二角点定义裁剪矩形框

此时程序已经把刚才定义的裁剪矩形内的图形进行切割,并提取出来,在光标位置拖动,命令行继续提示以下内容。

请点取插入位置:在图中空白处给出该图形的插入位置。

11.2 范例

我们将以图 11-15 所示的"×××办公楼三层平面图"为例,介绍使用天正建筑软件绘制建筑平面图的方法和技巧。

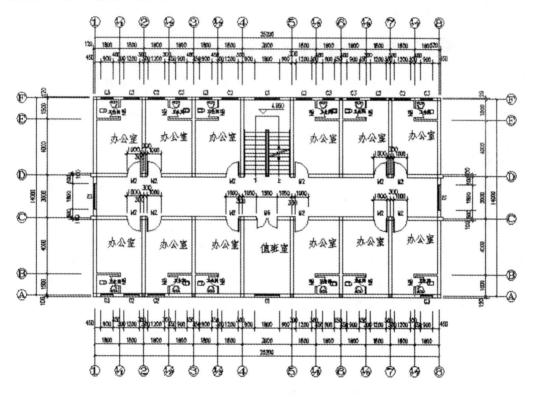

三层平面图 1:100
本层面积:360.68m²

图 11-15 ×××办公楼三层平面图

1. 初始设置

打开天正建筑的"工具"菜单下的"选项",弹出"选项"对话框,有一个"天正基本设定"选项卡,打开此选项卡,显示的是天正建筑设置的一些作图和标注参数,如图 11-16 所示。

在一般情况下我们可以按照此默认设置开始绘图。当然,我们也可以根据实际的需要修改这些参数。

在"对新对象有效"的选项中,"当前比例"默认为 100,即预计的打印比例为 1:100,"当前比例"用来控制文字、尺寸标注数字、轴号等的大小。如果将"当前比例"设置变大,则输入的文字的高度、尺寸标注的数字和轴号直径都会变大;将"当前比例"设置变小,则输入的文字的高度、尺寸标注数字和轴号直径都会变小。

在"当前层高"选项中根据设计高度在右边的下拉列表框中选择层高数值,如果列表框中没有所需数值,可直接输入新的数值。同理可以设置"内外高差"。

在"直线标注"、"角度标注"和"坐标标注"中的选项中,设置的是标注的样式,可以默认使用原有的设置。

在"对新对象有效"中的所有选项,改变其设置只影响设置以后绘制的图形,不影响已绘制好的图形。

在"对象表现"中的所有选项,可根据具体内容设置各种对象的显示形式。

在"操作方式"中的所有选项,设置操作天正建筑使用操作的基本选项。

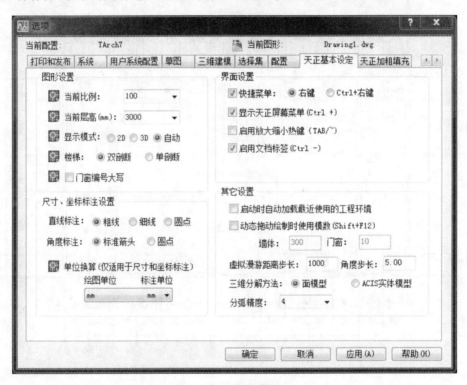

图 11-16 "选项"对话框

2. 绘制轴网

在天正建筑屏幕左侧菜单中单击主菜单下的二级菜单"轴网柱子"按钮,则其下方列出了天正建筑中有关绘制轴网和柱子的菜单选项。

单击"轴网柱子"选项,或者在命令行输入"ZXZW"后回车,出现"绘制轴网"对话框。由于本图是规则图形,上下开间尺寸相同,左右两边进深也相同,因此只需要输入其中一边就可以了。在"下开"选项中从左到右的轴线尺寸轴间距为 1800,个数为 14。

在"左进"选项中选择相应的数值,依次添加进深尺寸"1500"、"4000"、"3000"、"4000"、"1500"。或者直接在"键入"处输入"1500,4000,3000,4000,1500"。如图 11-17 所示。

本图的所有轴网尺寸数据输入完毕,左侧的预览区也显示出轴网的布局,确认无误后,单击"确定"按钮,在绘图窗口出现一个红色的轴网并随光标移动。同时命令行提示如下。

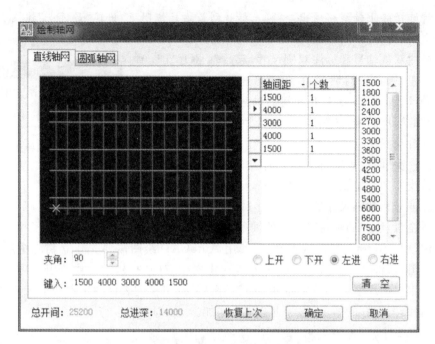

图 11-17 "绘制轴网"对话框

点取位置或{转 90 度[A]/左右翻[S]/上下翻[D]/对齐[F]/改转角[R]/改基点[T]}<退出>：

这时只要在绘图区域适合的位置点取一下即可，则在绘图区域出现我们所输入尺寸的轴网，然后把竖向方向的最中间的轴线删除掉。

绘制好的轴网在默认状态下是细实线，不是点画线，如果要设置点画线，可单击"轴改线性"按钮，则轴线由细实线变为了点画线。如图 11-18 所示。

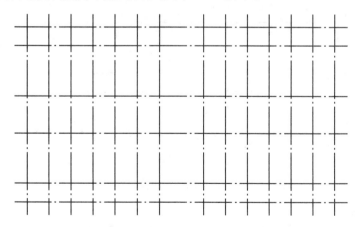

图 11-18 轴线由细实线变为点画线

3. 标注轴号和轴网尺寸

绘制好的轴网可以直接标注轴号和轴网尺寸。

单击"轴网柱子"菜单下的"两点表轴"按钮，命令行提示如下。

请选择起始轴线<退出>：将光标移到最左轴线附近，出现"最近点"捕捉后单击请选择终止轴线＜退出＞：将光标移到最右轴线附近，出现"最近点"捕捉后单击则弹出"轴网标注"对话框，如图 11-19 所示。

选中标注双侧轴号和标注双侧尺寸，起始轴号为"1"，单击"确定"按钮，则退出对话框，在绘图区出现已标注好尺寸的轴线编号，可以看出，其上下开间的轴号已经按照建筑制图国家标准的顺序编号，各轴线之间的尺寸数值也按照前面输入的数据自动标注。

图 11-19 "轴网标注"对话框

再单击一次"两点表轴"按钮，分别选取最下一条轴线和最上一条轴线作为起始轴线和终止轴线，标注进深方向的轴号和轴网尺寸。

标注好轴号和轴网尺寸的轴网如图 11-20 所示。

此处请注意，绘制的轴网和标注的轴号与尺寸在天正建筑中已自动建立了相应的图层，这是天正建筑与 AutoCAD 的区别之一，使用 AutoCAD 绘图需要先建立相应图层，而使用天正建筑绘图，软件会根据所绘制的对象自动建立相应的图层，不需要使用者再一一建立，一般情况下用户使用默认的图层即可。打开"图层"的下拉列表框中可以查看天正建筑建立的图层，随着绘图内容的增多，图层也会随之增加。

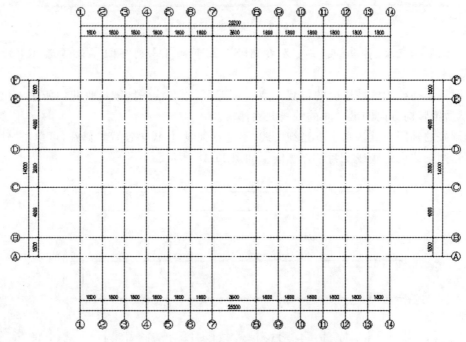

图 11-20 标注好轴号和轴网尺寸的轴网

4. 绘制墙体

完成柱网的绘制后就可以开始绘制墙体了。单击主菜单下的"墙体"二级菜单，下方出现绘制和编辑墙体的各种工具按钮。

单击菜单中的"绘制墙体"按钮，弹出"绘制墙体"对话框，如图 11-21 所示。

在此对话框中，首先要求选择画墙方式，在对话框下方有三种绘制墙体方式和一种捕捉方式按钮，分别如下。

图 11-21 "绘制墙体"对话框

绘制直墙按钮，当绘制墙体端点与已绘制的其他墙端相遇时，自动结束绘制，并开始下一连续绘制过程。

绘制弧墙 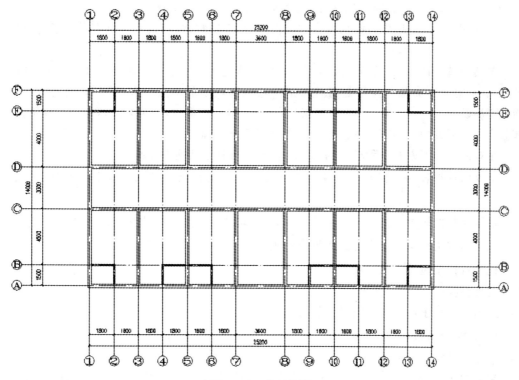，用三点和两点加半径方式画弧墙。

矩形绘墙按钮，通过指定房间对角点，生成四段墙体围成的矩形房间。当组成房间的墙体与其他墙体相交时自动进行交点处理。

自动捕捉按钮，绘制墙体时提供自动捕捉方式，并按照墙基线端点、轴线交点、墙垂足、轴线垂足、墙基线最近点、轴线最近点的优先顺序进行。

例图中的墙体绘制应选择"绘制直墙"。例图中主要墙体宽度 240，沿定位轴线左宽 120，右宽 120，在"绘制墙体"对话框的"左宽"文本框中输入 120，"右宽"文本框输入 120。例图中卫生间的隔墙为 100，部分墙体沿定位轴线设置为左宽 50、右宽 50。因为我们只绘制平面图，"高度"、"材料"项选择默认即可。

设置好对话框中的设计参数后，在绘图区单击，使对话框处于非激活状态，这时命令行提示如下。

起点或{参考点[R]}＜退出＞:捕捉到外墙轴线交点

直墙下一点或{弧墙[A]/矩形画墙[R]/闭合[C]/回退[U]}＜另一段＞:沿顺时针方向捕捉轴线下一个交点

图 11-22 绘制墙体

根据实际情况选择这三种墙体样式进行绘制,如果在绘制的过程中有多余的墙线,可以用"删除"命令删除多余墙线。

依次绘制出所有墙线,绘制好的墙体如图 11-22 所示。

绘制完成墙线显示为细实线,如果想显示为粗实线,可以在绘图区下方的状态栏中单击"加粗"按钮,在图中就可以看到加粗的墙墙。由于墙线加粗后会影响图形的显示速度,所以在绘图时不打开加粗功能,最后打印出图时再进行加粗处理。

5. 绘制柱子

单击"轴网柱子"菜单下的"标准柱"命令按钮,弹出"标准柱"对话框,如图 11-23 所示。

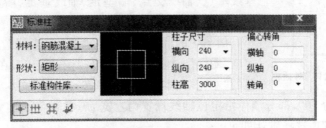

图 11-23 "标准柱"对话框

在该对话框中,有"材料"、"形状"、"预览"、"柱子尺寸"和"偏心转角"五个分区。

打开"材料"下拉列表可以看出,标准柱的材料可以在砖、石材、钢筋混凝土和金属四种材料中选择。

打开"形状"下拉列表,可以选择的柱子形状有矩形、圆形、正三角形、正五边形、正六边形、正八边形和正十二边形,点取的形状会即时在预览区得到反映。

在"柱子尺寸"分区中,选择柱子的"横向"、"纵向"和"柱高"尺寸。例图中柱子有两种尺寸:240×240 和 420×240。

在"偏心转角"分区,"转角"文本框中的角度值是指柱子相对于轴线的倾斜角度,本例设置为 0。柱子的默认插入位置是将柱子的中心点与轴线的交点重合,因而本例的"横轴"和"纵轴"都设置为 0。完成这一步的绘制后,柱子为空心矩形柱,如果要显示为实心柱子,可以单击绘图区下方的"填充"开关按钮来选择是否填充,绘制好的柱子见图 11-24 所示。

在对话框的下方有三种柱子的插入方法和一种柱子替换方法。

交点插柱按钮 ,捕捉轴线交点插入柱子,如未捕捉到轴线交点,则在点取位置插入柱子。

轴线插柱按钮 ,指定一根轴线,在选定的轴线与其他轴线的交点处插入柱子。

区域插柱按钮 ,在指定的矩形区域内,在所有的轴线交点处插入柱子。

柱子替换按钮 ,以当前参数的柱子替换图上已有的柱子,可以单个替换或者以窗选方式成批替换。

例图中的柱子用"轴线插柱"比较方便。

单击 按钮,命令行提示如下。

请选择一轴线<退出>:

在绘图区单击一下,使鼠标箭头变为小方框拾取点,用方框框住某一轴线处单击,则在该轴线与其他轴线的交点处插入所选柱子,根据此命令可依次插入所有柱子。

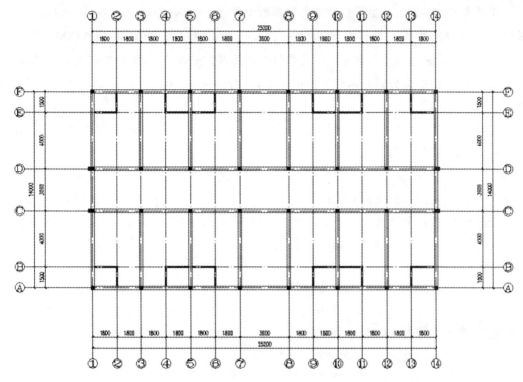

图 11-24 绘制柱子

由于例图中有第三种不同尺寸的柱子,可以依次插入三种不同尺寸的柱子,也可全部先插入一种尺寸柱子,再双击需要修改尺寸的柱子,此时会弹出"标准柱"对话框,修改其尺寸即可。

用"删除"命令删除多余的柱子。由于例图中所有柱子中心点与轴线交点不重合,可以使用"移动"命令将柱子移动到正确位置。

6. 绘制门窗

单击"门窗"菜单下的"门窗"命令按钮,这时会弹出"门窗参数"对话框,如图 11-25 所示。

在这个对话框中,可以输入门窗编号、门高、门宽、门槛高、窗台高等门窗参数。

图 11-25 "门窗参数"对话框

插门按钮 □ ,这时会显示插门的各种参数设置,输入相应的门参数,在左右两侧的黑色区域,会显示门的平面、立面样式,点击会进入"天正图库管理系统",这时可以选择门的样式(天正建筑自带的门样式)。

插窗按钮 ▦ ,这时会显示插窗的各种参数设置,输入相应的窗参数,在左右两侧的黑色区域,会显示窗的平面、立面样式,点击会进入"天正图库管理系统",这时可以选择窗的样式。

插门联窗按钮 ▯ ,这时会显示插门联窗的各种参数设置,输入相应的门联窗参数,在左右两侧的黑色区域,会分别显示门和窗的立面,点击会进入"天正图库管理系统",这时可以选择门联窗的样式。

Ⅿ ▭ ▢ ,依次为插子母门、插弧窗、插凸窗和插矩形洞的命令,单击进入后会显示相应的参数设置以及样式。

▦ ▬ ▯ ▯ ▱ ▱ △ ▯ ▯ ✎ ,这些是门插入方式的命令图标,依次为自由插入、沿直墙顺序插入、依据点取位置两侧轴线等分插入、再点取的墙段上等分插入、垛宽定距插入、轴线定距插入、按角度插入弧墙上的门窗、充满整个墙段插入门窗、插入上层门窗和替换图中已插入的门窗命令。我们可以根据绘图的实际需要选择相应门窗插入方式。

(1)窗的插入。

插入窗 C3,首先单击插窗按钮 ▦ ,输入窗参数:窗宽 900、窗高 900、窗台高 1050,选择窗样式为四线表示(见图 11-26),然后选择"依据点取位置两侧轴线等分插入",或者选择默认的窗,这时命令行提示如下。

　　指定参考轴线[S]/门窗个数(1~2)<1>:

　　点取门窗大致的位置和开向(Shift-左右开)<退出>:

重复此命令可完成其他窗的插入,也可以插入一个窗后,使用复制命令完成其他窗的插入。

(2)门的插入。

插入门 M8,首先单击插门按钮 ▯ ,输入门参数:门宽 700、门高 2400、门槛高 0,选择门的样式为单扇平开门(全开表示门厚),如图 11-27 所示,然后选择"垛宽定距插入",输入距离为 120,这时命令行提示如下。

　　点取门窗大致的位置和开向(Shift-左右开)<退出>:

使用鼠标配合 Shift 键,选择好门开启方向和左右方向,单击鼠标左键完成一个门的插入,可继续完成其余的门的插入,也可以插入一个门后,使用复制命令完成其他门的插入。

同样方法可完成例图中其他门的输入。

7. 绘制楼梯

例图中的楼梯为双跑楼梯,双跑楼梯是建筑中最常用的一种楼梯形式,在天正建筑中有专门绘制双跑楼梯的命令。

单击"楼梯其他"菜单中的"双跑楼梯"按钮,弹出"矩形双跑梯段"对话框,设置中间层的各项参数。楼梯参数:楼梯高度 3000、楼梯宽 3360、梯段宽 1625、井宽 110、踏步总数 22、一跑踏步 11、二跑踏步 11、踏步高度 136.36、踏步宽度 300。休息平台:矩形,宽度 2260。扶手:高度 900、宽度 60、距边 0。层类型:中间层。踏步取齐:楼板,选择有外侧扶手。上楼位置:右边。完成设置如图 11-28 所示。

8. 绘制家具、洁具

在例图中宿舍房间、卫生间、阳台和洗衣间均有家具和洁具的布置,使用 AutoCAD 的

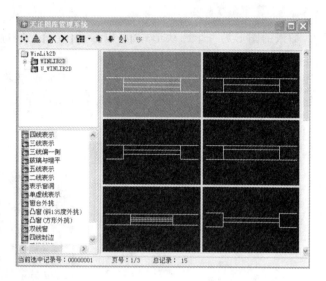

图 11-26 窗样式选择

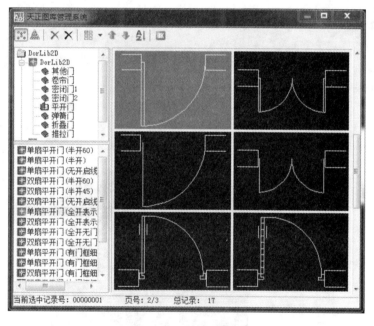

图 11-27 门样式选择

命令绘制这些家具、洁具是非常难的,天正建筑在软件中置入了通用图库。在通用图库中就包含着家具、洁具的平立面图。

单击"图案图库",然后选择"通用图库"按钮,即会弹出"天正图库管理系统"对话框。单击 📂▾ 选择二维图库,在二维图库中我们可以挑选适合的家具、洁具平面,如图 11-29 所示。

选择好适合的图形后,双击"天正图库管理系统"右侧所选定的图形,即弹出"图块编辑"对话框(见图 11-30),一般情况下不需要改变其设置,命令行提示如下。

点取插入点〈转 90[A]/左右[S]/上下[D]/对齐[F]/外框[E]/转角[R]/基点[T]/

更换[C]}＜退出

完成图形的插入,插入的图形为一个图块形式,可以移动、复制。通过移动、复制插入的图块,配合绘图的基本命令可以完成家具、洁具的绘制。

注意:在天正的图库中已经收录了一些图案,但是还远远不能满足我们绘图的需要,所以我们可以注意养成平时收集 CAD 图库的习惯。一些简单的图形,可以通过基本的绘图命令来完成绘制。

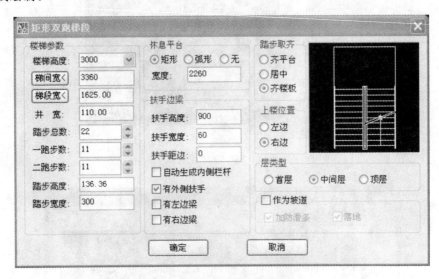

图 11-28　矩形双跑梯段设置

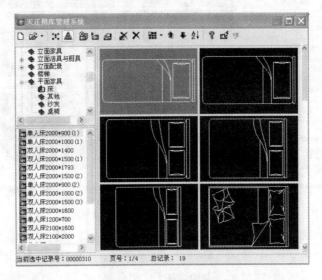

图 11-29　二维图库

9. 尺寸标注

在标注轴号和轴网尺寸这一部分,我们已经标注出了柱网尺寸,但这还不能完全满足需要,需要继续完善标注,天正建筑提供了完善的尺寸标注命令。

单击"尺寸标注"按钮,即显示出一系列尺寸标注相关的命令菜单。

（1）门窗标注。

此命令用来在平面图中标注门窗的宽度和门窗到定位轴线的距离。该命令在标注门窗尺寸的时候非常方便。

单击"门窗标注"按钮，命令行提示如下。

　　请用线（点取两点）选一二道尺寸线及墙体：

　　起点：起点楼梯间内单击一下

　　终点：鼠标垂直向上或向下在总尺寸之外单击一下（使点取的起点和终点连线穿过一段横墙和第一、二道尺寸线）

则在房间墙外标注了门窗的宽度尺寸及到两端轴线的定位尺寸。系统自动定位了第三道尺寸线的位置。命令行继续提示如下。

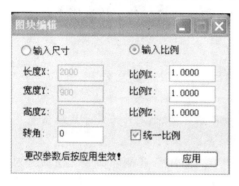

图 11-30　"图块编辑"对话框

　　请选择其他墙体：

　　这时还可以选取与所选取的墙体平行的其他相邻墙体，命令即可以沿同一条尺寸线继续对所选择的墙体进行标注。如图 11-31 所示。

（2）两点标注。

此命令通过指定两点，标注被两点连线穿过的轴线、墙线、门窗、柱子等构件的尺寸。尺寸线与这两点的连线平行。

单击"两点标注"按钮，命令行提示如下。

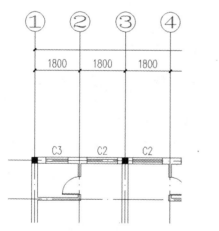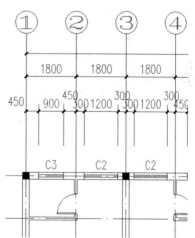

图 11-31　门窗标注

　　起点＜退出＞：在左侧房间的外面单击一下

　　终点＜退出＞：在右面房间内单击一下

　　请选择不要标注的轴线和墙体：点取中间变虚的墙体线

　　选择其他要标注的门窗和柱子：点取内门

图中随即标注了柱子和门的宽度尺寸及与轴线的定位距离。

此命令可以逐个点取标注点，沿给定的一个直线方向标注连续尺寸。

(3) 逐点标注。

"逐点标注"命令与 AutoCAD"连续标注"命令的使用方法相同。也可以标注用 Auto-CAD 命令绘制的图形。

单击"逐点标注"按钮,命令行提示如下。

　　起点或{参考点[R]}<退出>:捕捉标注的第一点
　　第二点<退出>:捕捉第二点
　　请点取尺寸线位置或{更正尺寸线方向[D]}<退出>:点取一点作为尺寸线的位置
　　请输入其他标注点或{撤销上一标注点[U]}<结束>:继续捕捉其他点
　　请输入其他标注点或{撤销上一标注点[U]}<结束>:回车结束

(4) 内门标注。

此命令用于标注平面图中内墙的门窗尺寸,以及门窗与最近的定位轴线或者墙边的关系。

单击"内门标注"按钮,命令行提示如下。

　　标注方式:轴线定位.请用线选门窗,并且第二点作为尺寸线位置
　　起点或{垛宽定位[A]}<退出>:在门的下方偏向右侧轴线处单击
　　终点<退出>:鼠标向上穿过内门在门上方单击一点,此点作为尺寸线的位置

(5) 取消尺寸。

天正标注出的尺寸是由多个连续尺寸组成的一个整体,用普通删除命令无法做到对其中一段的删除,因此必须使用"取消尺寸"命令完成此类操作。

单击"取消尺寸"按钮,命令行提示如下。

　　请选择尺寸标注<退出>:点取要删除的区间尺寸线
　　请选择尺寸标注<退出>:继续点取或者回车退出命令

则点取的一段尺寸标注被取消。

(6) 连接尺寸。

使用"连接尺寸"命令可以连接两个独立的标注对象,合并成为一个标注对象。

单击"连接尺寸"按钮,命令行提示如下。

　　请选择主尺寸标注<退出>:点取要对齐的左端尺寸线作为主尺寸。
　　选择需要连接的其他尺寸标注<结束>:点取右端要连接的尺寸线。
　　选择需要连接的其他尺寸标注<结束>:回车结束。

则两段尺寸连接为一组完整的标注。

(7) 增补尺寸。

"增补尺寸"命令用来在已经标注的一个尺寸中再增分几段尺寸标注。

单击"增补尺寸"按钮,命令行提示如下。

　　请选择尺寸标注<退出>:单击已有的尺寸标注
　　点取待增补的标注点的位置或{参考点[R]}<退出>:依次捕捉窗户两端点和中间轴线
　　点取待增补的标注点的位置或{参考点[R]}<退出>:回车退出

则在原来的一个尺寸线上增加了若干段尺寸标注。

（8）尺寸转化。

"尺寸转化"命令用于将 AutoCAD 标注的尺寸转化为天正标注的尺寸。

单击"尺寸转化"按钮，命令行提示如下。

> 请选择 ACAD 尺寸标注：点取一个 AutoCAD 尺寸标注
>
> 请选择 ACAD 尺寸标注：继续点取
>
> 请选择 ACAD 尺寸标注：回车结束
>
> 全部选中的 2 个对象成功地转化为天正尺寸标注！

10. 图形打印

完成上述步骤的绘制，图形绘制就基本完成了（当然还有必要的文字标注、说明等），下面我们就可以进入图形打印这一步骤了。

天正建筑没有提供专门的打印命令，但提供了与出图打印有关的布图、比例、图框、图层、图纸等相应命令，需使用 AutoCAD 的"打印"命令来打印图形。在打印图形之前，要确保已安装好打印机或绘图仪。使用 Windows 系统的菜单命令"开始"→"设置"→"打印机"进行安装与设置。

单击天正建筑主菜单下的"文件布图"按钮，系统弹出"文件布图"二级菜单命令。

（1）插入图框。

在打印出图之前，需要给每幅图纸插入图框。依次单击天正主菜单下的"文件布图"二级菜单中的"插入图框"按钮，系统弹出"图框选择"对话框。

在对话框中可以选择合适的图幅，选择是否带有会签栏等。例图需要选择 A2 图幅，比例 1∶100，带有会签栏和标准标题栏，单击"插入"按钮，退出对话框，命令行提示如下。

> 请点取插入位置＜返回＞：在图中点取合适位置后插入了一个 A3 图框。

（2）设置打印参数。

执行"文件"→"打印"命令，显示"打印"对话框。如图 11-32 所示。

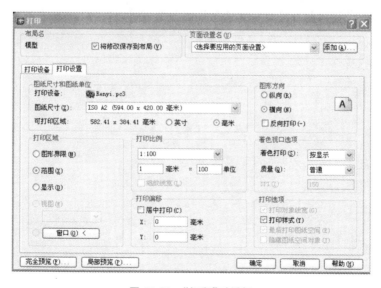

图 11-32 "打印"对话框

在"打印设备"选项中打开"名称"下拉列表选择已经安装了的打印机或绘图仪名称；在

"打印设置"中:"图纸尺寸"选择"A2","打印比例"选择"1∶100";"打印偏移"选"居中打印"。单击"窗口"按钮框选择打印范围,然后单击"完全预览"按钮,则显示出如图 11-33 所示的预览图形,详图见附图 3。

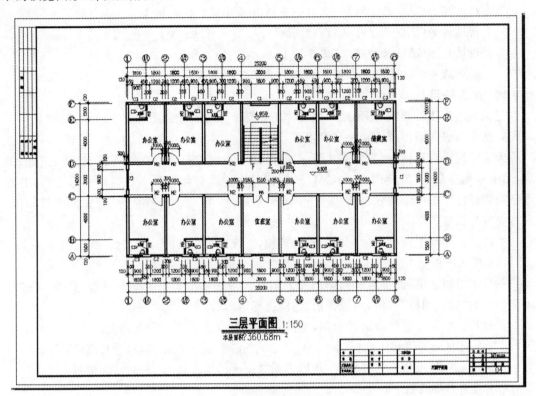

图 11-33　预览图形

如果预览没有问题,点击鼠标右键选择打印则图形可以打印出来,单击鼠标右键选择退出返回打印。

参 考 文 献

[1] 中华人民共和国国家质量监督检验检疫总局,中华人民共和国住房和城乡建设部.房屋建筑制图统一标准,GB/T 50001—2010.北京:中国计划出版社,2010.
[2] Autodesk,Inc,王建华,程绪琦.AutoCAD 2012 标准培训教程[M].北京:电子工业出版社,2012.
[3] 史岩.建筑 CAD[M].2 版.武汉:华中科技大学出版社,2012.
[4] 王芳.AutoCAD 2010 建筑制图实例教程[M].北京:清华大学出版社,北京交通大学出版社,2010.
[5] 胡腾,李增民.精通 AutoCAD 2008 中文版[M].北京:清华大学出版社,2007.
[6] 孙江宏.AutoCAD 2008 中文版使用教程[M].北京:高等教育出版社,2008.

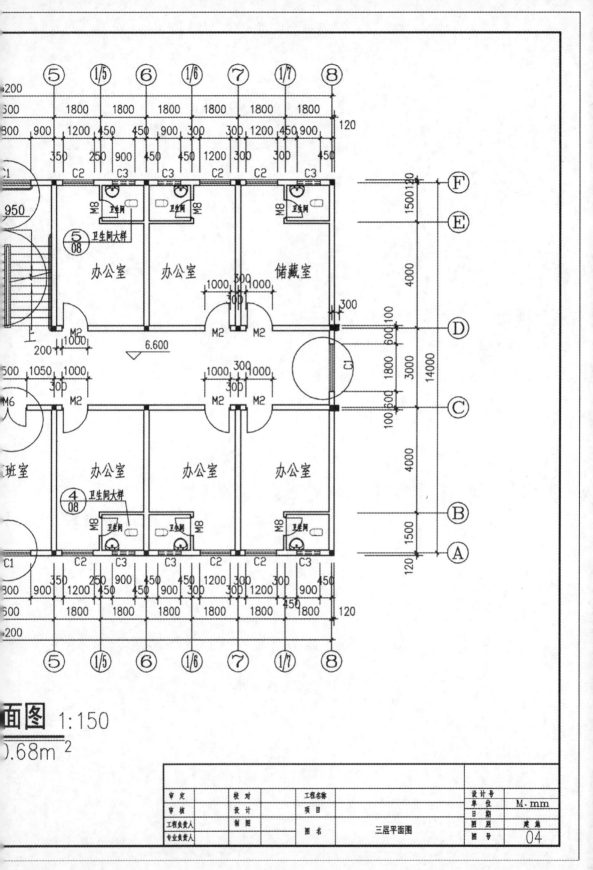

面图 1:150

0.68m²

审定	校对	工程名称		设计号	
				单位	M.mm
审核	设计	项目		日期	
工程负责人	制图			图别	建施
专业负责人		图名	三层平面图	图号	04

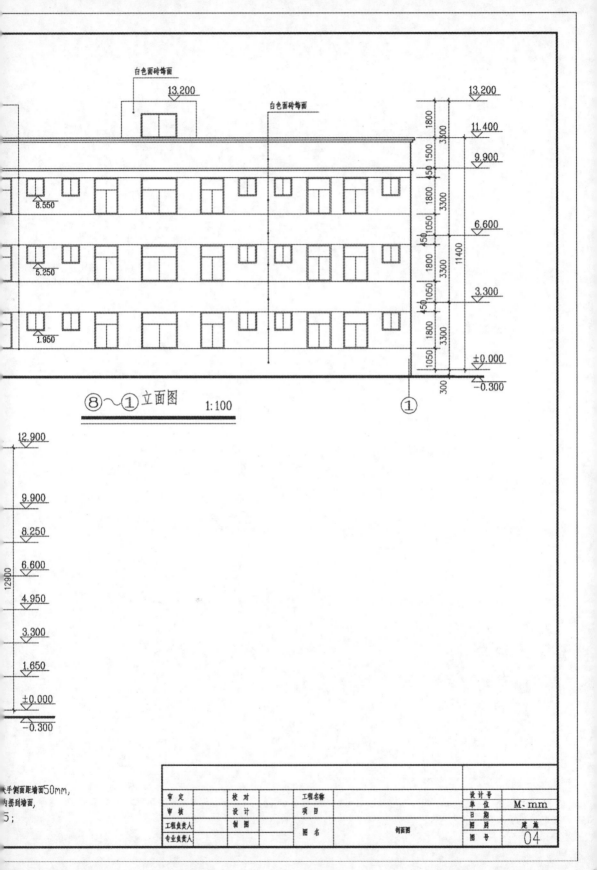

白色面砖饰面
13.200

白色面砖饰面

13.200
1800
3300
11.400
1500
9.900
450
1800
8.550
3300
1050
450
6.600
1050
11400
5.250
1800
3300
450
1050
3.300
1.950
1800
3300
1050
±0.000
300
−0.300

⑧~① 立面图   1:100

12.900

9.900

8.250

6.600

4.950

3.300

1.650

±0.000
−0.300

12900

扶手侧面距墙面50mm,
内折到墙面,
5;

审 定		校 对		工程名称		设计号		
审 核		设 计		项 目		单 位	M、mm	
						日 期		
工程负责人		制 图		图 名	剖面图	图 别	建 施	
专业负责人						图 号	04	

图 2

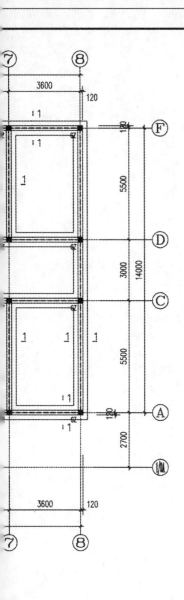

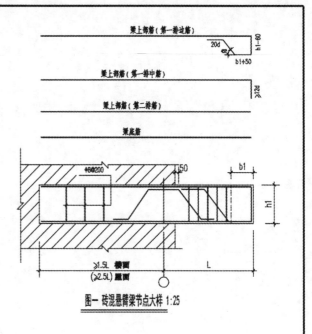

图一 砖混悬臂梁节点大样 1:25

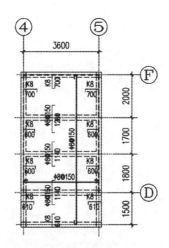

梯间屋面板配筋图 1:100

注: 1. 未注明板厚者皆为120.
2. K8表示Φ8@180.

广西大学设计研究院

审 定			核 对			工程名称	※※※卫生院改扩建工程		设计号		
审 核			设 计			项 目	※※卫生院住院楼		制图单位		
工程负责人			制 图						日 期		
专业负责人						图 名	基础平面布置图		图 别		结 施
									图 号		2-改

附图 1

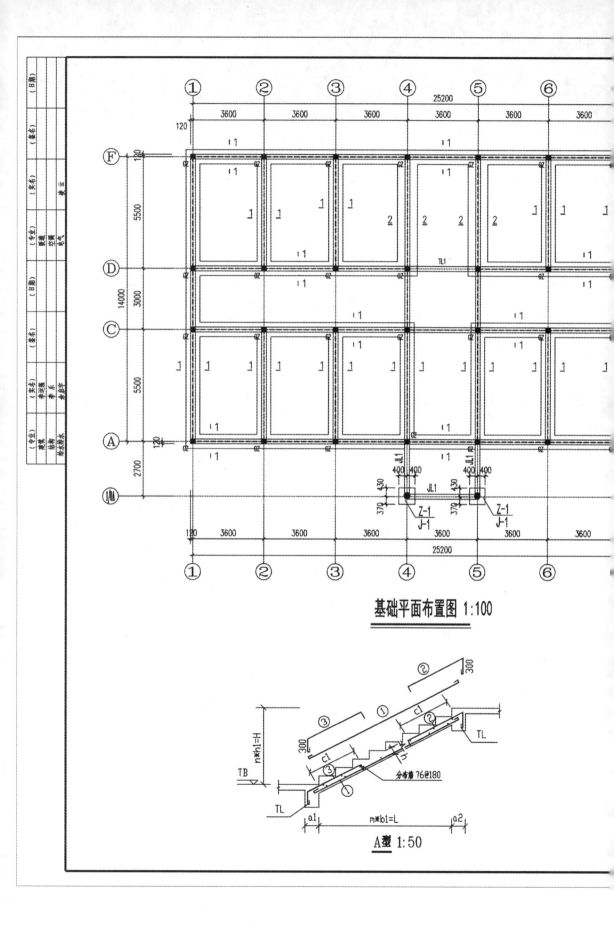

基础平面布置图 1:100

分布筋 76@180

A型 1:50

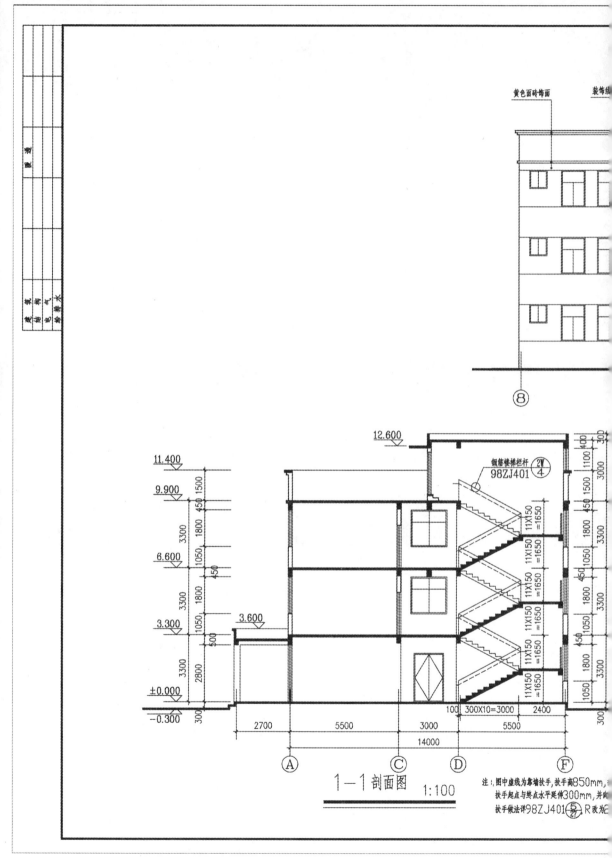

黄色面砖饰面　　装饰线

⑧

12.600

钢筋楼梯栏杆
98ZJ401 ④/2

11.400
9.900
6.600
3.600
3.300
±0.000
-0.300

1500
450
3300
1800
1050
450
3300
1800
1050
500
3300
2800
300

400
1100
1500
450
3300
1800
1050
450
3300
1800
1050
3300
300

11X150=1650
11X150=1650
11X150=1650
11X150=1650

100 300X10=3000 2400
300

2700 5500 3000 5500

14000

Ⓐ Ⓒ Ⓓ Ⓕ

1—1 剖面图　　1:100

注:图中虚线为靠墙扶手,扶手高850mm,
扶手起点与终点水平延伸300mm,并向
扶手做法详98ZJ401 ⑤/27,R改为

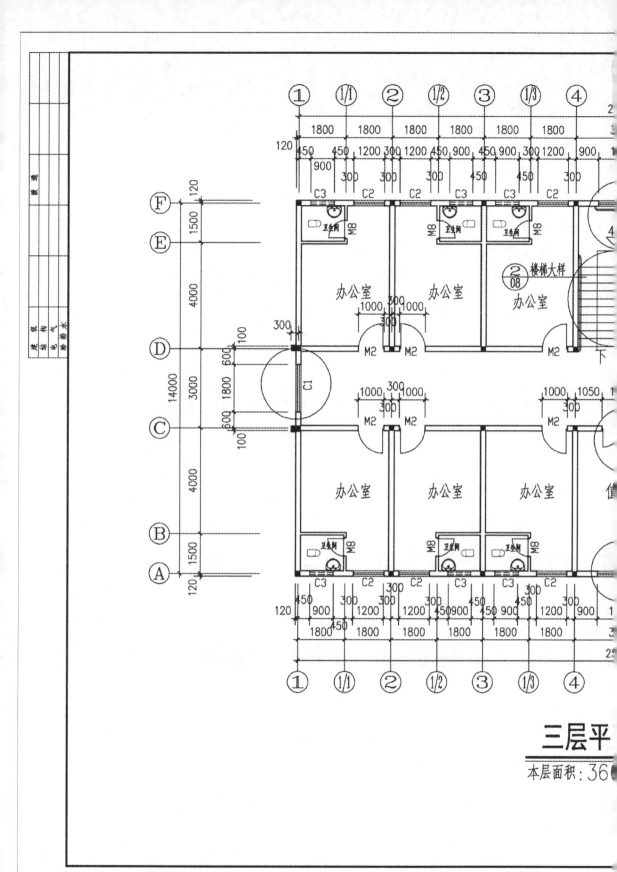

三层平

本层面积：36